高等职业教育"十四五"系列教材

高等职业教育土建类专业"互联网+"数字化创新教材

# 土木工程CAD

贾廷柏　刘云鑫　史晓娜　主编

中国建筑工业出版社

**图书在版编目（CIP）数据**

土木工程 CAD / 贾廷柏，刘云鑫，史晓娜主编．
北京：中国建筑工业出版社，2024.12. --（高等职业
教育"十四五"系列教材）（高等职业教育土建类专业"
互联网＋"数字化创新教材）. -- ISBN 978-7-112-30376-
2

Ⅰ. TU204-39

中国国家版本馆 CIP 数据核字第 2024HW8306 号

本教材共有 8 个项目，包括项目一绪论、项目二 AutoCAD 基础、项目三
建筑工程 CAD 应用、项目四结构工程 CAD 应用、项目五机电设备和暖通
CAD 应用、项目六装饰工程 CAD 应用、项目七路桥工程 CAD 应用、项目八
CAD 在土木工程中的未来趋势以及图纸。适合高等职业教育土木建筑类专业
学生使用。

为方便教学，作者自制课件资源，索取方式为：1. 邮箱：jckj@cabp.
com. cn；2. 电话：(010) 58337285；3. 建工书院：http://edu. cabplink. com。

责任编辑：王予芊
责任校对：赵　力

高等职业教育"十四五"系列教材
高等职业教育土建类专业"互联网＋"数字化创新教材

**土木工程 CAD**

贾廷柏　刘云鑫　史晓娜　主编

\*

中国建筑工业出版社出版、发行(北京海淀三里河路9号)

各地新华书店、建筑书店经销

北京科地亚盟排版公司制版

北京君升印刷有限公司印刷

\*

开本：787 毫米×1092 毫米　1/16　印张：10¼　插页：19　字数：351 千字
2024 年 12 月第一版　　2024 年 12 月第一次印刷
定价：**39.00** 元（赠教师课件）
ISBN 978-7-112-30376-2
(43573)

# 前　言

工程师在土木工程的设计、实施、管理及优化的工作中，最基本的工作是理解和表达设施的空间信息，空间的表达方式经历了手工绘图、计算机辅助设计、三维建模、虚拟现实和数字化创新等阶段。这里有一个问题，随着由三维建模作为基础的 BIM 技术得到广泛应用，是否还有必要学习"土木工程 CAD"呢？答案是肯定的。尽管三维建模和建筑信息模型（BIM）技术在土木工程领域得到广泛应用，学习"土木工程 CAD"仍然具有一定的重要性，主要有以下原因：

1. 广泛使用的 CAD 软件：许多土木工程项目仍然使用传统的计算机辅助设计（CAD）软件，例如 AutoCAD、MicroStation、天正建筑软件、中望 CAD 等。学习"土木工程 CAD"可以使工程专业人员具备使用这些软件进行二维图纸设计的能力。

2. 行业标准和项目需求：在一些地区和行业，CAD 仍然是土木工程项目的标准工具。在某些情况下，项目要求使用特定的 CAD 软件来满足标准和规范。

3. 基础设计阶段的需求：在土木工程的基础设计阶段，二维图纸仍然是重要的工具，特别是在初步设计和概念设计阶段。CAD 的使用仍然是最有效的、最直观的方式来表达设计意图。

4. 兼容性与文件交换：有时在项目中需要与其他团队或承包商交换文件，而 CAD 文件格式被广泛支持和兼容，这使得 CAD 文件作为中间过渡格式被广泛应用。

5. 丰富的数字资源：本教材部分项目任务配有操作视频，辅助学生更直观地理解对应的知识点。

学习"土木工程 CAD"可以为专业人员提供更全面的技能组合，使其能够适应不同类型的项目和行业标准，学生将在学习本教材的内容中逐步体会其中的原因。

本教材是采用现代教育技术的理念和方法编写的新形态教材，在内容设计方面，采用一套图纸进行 CAD 的工程应用演示，让学生能够针对同一个项目，从不同方面理解和训练土木工程 CAD 的应用，形成系统认知和技能体验。在本教材的学习中，学生可以通过三个方式获得学习支持服务：图文、视频、交互学习平台。

本书的图文编写基于"建构主义"理念，从学生角度组织学习内容。学生在掌握 CAD 的最基本操作后，通过获取配套素材，直接进入相关的案例练习，使得学生逐步地"建构"自己的技能和理解。在应用本教材进行建构初级理解的基础上，在使用本教材提供的学习资源进一步扩展知识及技能的整理认知。本教材就是"土木工程 CAD"学习的"脚手架"。

　　本教材编写团队多年从事建筑、道桥、装饰等相关专业的教学和工程应用工作，具有丰富的教学和工作经验。本教材的编写团队由五所院校的老师组成，包括云南开放大学（云南国防工业职业技术学院）、云南交通运输职业学院、昆明工业职业技术学院、云南理工职业学院、云南能源职业技术学院。主编：贾廷柏负责统稿、项目一、部分项目二、部分项目三内容的编写；刘云鑫负责项目七内容的编写；史晓娜负责部分项目三内容的编写。副主编：闫红丽负责项目四内容的编写；董松桥负责项目六内容的编写；邵秋萍负责项目五内容的编写；王建乔负责项目八内容的编写。参编：王苒琳负责部分项目二内容的编写；张昆巽负责思政元素审查审核、校稿；刘亚基负责审核及校稿；黄桥负责部分项目七内容的编写；杨涛瑀负责部分项目三内容的编写。本教材由云南开放大学段旭龙教授担任主审，并对教材提出了宝贵的修改意见。

本教材配套素材

# 图标说明

在教材内容编写中，编者尽量以学生的视角组织内容，使用类似于交流的措辞，减少学生与教材的距离感，让学生更有兴趣阅读，并制作醒目的图标放在相应的位置进行提示及学习引导，学生使用本教材相关的学习资源，可通过多维度的视角投入学习中。这些图标分别是：

"学习成果（Learning Outcomes）"，被广泛应用于在高等教育中，是指在完成特定教学环节的学习后，预期掌握的知识或者技能。成果导向教育（Outcome Based Education，OBE）教育理念和"项目导入，任务驱动"的教学模式都基于学习成果，本教材中各项目和任务的具体学习成果要求将用此图标提示。

本教材中，一些内容前后有相互指引的关系，用此图标进行指引的提示。

本教材中，用此图标对重要知识点、小技巧等进行提示。

本教材中，用此图标来提示"相互评价"。学生在学习完成一部分内容后，对该部分的学习要进行评价。通常是教师布置作业，学生完成作业后由教师进行学习评价，这样的评价，学生只能看到一个分值，不能对自己的学习有一个全面的反思。在本教材设置一些任务，并给出评价的采分点，让学生相互进行评价，学生通过对别人的评价能够对自己的学习进行反思，从而提高学习效率，夯实相应的技能。在BIMTREE学习平台上开展相互评价比较方便，把采分点进行设置后，系统将自动分发作业给几位学生，学生在平台上自行评价。教师可以根据评价差异大的作业进行讲解，以统一教学标准。

本教材中的各项目前用此图标来表示素质目标，是提示学生在学习章节知识和技能后，能在素质和思想意识上有所提升的内容。

# 目　录

# Chapter 01

# 项目一

# 绪　论

当你开始学习这门课程时，大脑里应该已经有一个对课程的想象：用计算机绘制上学期学习的工程制图需要完成的图纸。对，但不完全。

说是对的，那是因为这一想象符合课程要达到的技能成果；说不完全，那是因为在实现这一技能成果同时，我们还要学习支持实现这一技能成果的技术和理念基础及其发展历程和未来展望。让我们从 CAD 的概念开始吧。

 素质目标

### 1. 土木工程 CAD 的发展历史

土木工程 CAD 技术的发展，经历了从手工绘图到计算机辅助设计的转变。在这一过程中，国产 CAD 软件逐渐崭露头角，以其独特的优势和特点，对土木工程 CAD 产生了深远的影响。在学习 CAD 技术的同时，我们应当认识到，国产 CAD 软件的发展不仅体现了我国科技实力的提升，更体现了工程师们对技术创新和自主可控的不懈追求。这种追求自主创新、勇攀科技高峰的精神，正是土木工程专业学生应当学习和培养的。

### 2. 国产 CAD 对土木工程 CAD 的影响

国产 CAD 软件在土木工程 CAD 领域的应用，不仅提高了设计效率和质量，还促进了土木工程设计的标准化和规范化。与此同时，国产 CAD 软件的不断升级和完善，也为土木工程 CAD 技术的发展提供了强有力的支持。

具体来说，国产 CAD 软件具有以下几个方面的优势：首先，国产 CAD 软件更加符合国内工程师的使用习惯和需求，操作界面更加友好，功能更加实用；其次，国产 CAD 软件在数据处理、图形渲染等方面具有更高的性能和稳定性，能够更好地满足大规模、复杂土木工程项目的需求；最后，国产 CAD 软件在价格上也具有较大的优势，能够降低企业的运营成本，促进土木工程行业的可持续发展。

因此，我们应当充分认识和利用国产 CAD 软件在土木工程 CAD 领域的应用优势，积极推广和应用国产 CAD 软件，为提升我国土木工程设计的整体水平和国际竞争力贡献自己的力量。

### 3. 土木工程 CAD 的技能要求与素质目标

土木工程 CAD 不仅要求学生掌握基本的绘图技能，更要求学生具备扎实的土木工程理论知识、敏锐的空间想象能力和良好的团队协作能力。这些技能的培养，不仅关系学生个人的职业发展，更关系国家土木工程建设的整体水平。

因此，在学习过程中，我们应当始终保持对专业知识的敬畏之心，以严谨的态度对待每一次设计和实践。同时，我们也应当注重团队协作能力的培养，学会在团队中发挥自己的长处，共同攻克难题。

**4. 土木工程 CAD 的应用领域与素质目标**

土木工程 CAD 广泛应用于房屋建筑、道路桥梁、水利水电、交通运输等各个领域。这些领域都是国家基础设施建设的重要组成部分，关系国计民生。因此，作为土木工程专业的学生，我们应当深刻认识到自己所肩负的责任和使命。

在学习过程中，我们应当关注行业动态，了解国家发展战略，将个人的学习和发展与国家的需要紧密结合起来。同时，我们也应当注重实践能力的培养，通过参与实际工程项目，将所学知识和技能转化为解决实际问题的能力。

总之，国产 CAD 软件对土木工程 CAD 的影响深远而广泛。我们应当充分认识和利用这一优势，推动土木工程 CAD 技术的不断创新和发展，为国家的土木工程事业贡献自己的力量。

**技能目标**

- 了解计算机辅助设计的概念；
- 了解国外计算机辅助设计软件有哪些；
- 了解国产计算机辅助设计软件有哪些；
- 了解什么是土木工程 CAD 以及应用领域。

## 任务 1.1　计算机辅助设计

### 1.1.1　概念

计算机辅助设计（Computer Aided Design，CAD）是指运用计算机软件制作并模拟实物设计，展现新开发产品的外形、结构、色彩、质感等特色的过程。随着技术的不断发展计算机辅助设计不仅仅适用于工业，还被广泛运用于平面印刷出版等诸多领域，它同时涉及软件和专用的硬件。

CAD 有时也写作 "Computer-Assisted" "Computer-Aided Drafting" "Computer-Aided Drawing"，或类似的表达方式。相关的缩略语有 CADD，表示计算机辅助设计和草图（Computer-Aided Design and Drafting）；CAAD，表示计算机辅助建筑设计（Computer-Aided Architectural Design）；CAMD，表示计算机辅助机械设计（Computer-Aided Mechanical Design）或计算机辅助模具设计（Computer-Aided Molding Design）。所有这些术语基本上相似，都指使用计算机而不是传统的绘图板来进行各种项目的设计和工程制图。

由 CAD 创建的建筑和工程项目的范围广泛，包括建筑设计制图、机械制图、电路图和其他各种形式的设计交流方式。现在，它们都成为计算机辅助设计更广泛的定义的一部分。

CAD 最早的应用是在汽车制造、航空航天以及电子工业的大公司中。随着计算机变得更便宜，应用范围也逐渐变广，CAD 被用于整个工程设计流程，从产品概念设计和布局到装配体分析，再到制造方法定义。CAD 使工程师能够以交互的方式测试设计变型，并以较少的物理原型获得：

- 更低的产品开发成本；
- 更快的速度；
- 提高生产效率；
- 保证质量；
- 更短的上市时间。

使用 CAD 时，可以：

- 加快设计流程，同时提高子装配体、组成部件以及成品的可视化效果；
- 使设计（包括几何体、尺寸和物料清单）的文档制作更加容易和可靠；
- 轻松地重复利用设计数据和典范做法；
- 获得更高的精度，以便减少错误。

CAD 技术经过了多年的演变。CAD 刚开始的时候主要被用于生成和手绘的图纸相仿的图纸。计算机技术的发展使得计算机在设计方法有更具技巧的应用。现今，CAD 已经不仅用于绘图和显示，也开始导入设计者的专业知识中更具"智能"的部分，也就是"建筑信息化"，可分为以下几个阶段：

建筑信息模型（BIM）阶段：BIM 是建筑信息化的重要里程碑。它将设计、施工和运营的信息集成在一个三维模型中。BIM 不仅包括几何模型，还包括建筑元素的属性信息，如材料、成本、时间等。

建筑信息化全面发展阶段：随着信息技术的不断发展，建筑信息化逐渐扩展到建筑的全生命周期，包括设计、施工、运营和维护。智能建筑、物联网、云计算等技术的应用也进一步丰富了建筑信息化的内容。

数字化转型阶段：当前阶段建筑信息化逐渐与其他数字化技术如人工智能、大数据分析、虚拟现实等融合，进一步提高建筑行业的效率和创新能力。建筑数字化转型还包括建筑智能化、可持续发展和智慧城市（CIM）等方面。

## 1.1.2 国外计算机辅助设计软件

### 1. Autodesk

Autodesk 公司始建于 1982 年，总部位于美国加利福尼亚州，是世界领先的设计软件和数字内容创建公司，用于建筑设计、土地资源开发、生产、公用设施、通信、媒体和娱乐。Autodesk 提供设计软件、Internet 门户服务、无线开发平台及定点应用，在全球拥有超过四百万用户，遍布 150 多个国家，在《财富》500 家工业和服务公司中，90% 是 Autodesk 的客户。公司主要软件包括：

（1）AutoCAD：它是最知名且应用最广的 CAD 软件之一，本书主要以介绍 AutoCAD 的使用为主。它广泛用于建筑、机械、电气等领域，提供强大的 2D 和 3D 设计功能。

（2）Civil 3D：它是 AutoCAD 的一个专业版本，专注于土木工程和城市规划。它提供了一系列工具用于设计和分析土木工程项目。

（3）Revit：它是一款为建筑师、景观设计师、结构工程师、软件 MEP 工程师、承包商开发的一套建筑资讯模型软件。它支持用户以 3D 形式设计建筑物模型，使用 2D 绘图元素注释模型，并从建筑模型的数据库存取建筑资讯。

（4）Fusion 360：它是一款综合性的 CAD/CAM/CAE 软件，适用于产品设计、工程和制造。

### 2. Bentley Systems

Bentley Systems，Incorporated 是一家总部位于美国的软件开发公司，总部位于美国宾夕法尼亚州，在 50 多个国家设有开发、销售和其他部门。到 2021 年，该公司在 186 个国家创造了 10 亿美元的收入。软件产品用于设计、工程、建造和运营大型建筑资产，如公路、铁路、桥梁、建筑、工业厂房、发电厂和公用事业网络。公司主要软件包括：

（1）MicroStation：它是 Bentley Systems 的主要 CAD 平台，用于二维和三维设计、建模和绘图。它支持多个行业，包括建筑、土木、结构和电力等。1985 年，MicroStation 1.0 作为 DGN 文件只读和绘图程序发布，专门用于在 IBM PC/AT 个人计算机上运行。MicroStation 和 DGN 文件格式成为 Bentley 公司软件开发的标准。

（2）OpenRoads：OpenRoads 是一款面向道路和桥梁工程的 BIM 软件，用于道路和交通基础设施设计、分析和建模。

（3）OpenBuildings：它以前被称为 AECOsim Building Designer，这是一款专注于建筑设计和工程的 BIM 软件。

### 3. 达索系统

达索系统是一家法国软件公司，由达索集团于 1981 年成立的，早在 1977 年，达索集团中 15 名工程师就研发出了新一代电脑辅助设计软件——CATIA。当时此软件用于辅助建造飞机。1981 年达索系统成立，当时成员共有 25 名工程师，出售 CATIA 系统，IBM 是他们第一名客户公司的主要软件包括：

（1）CATIA：广泛用于航空、汽车和工业设计。它提供全面的三维建模和模拟功能。

（2）SolidWorks：主要用于机械设计和制造，是世界上第一个基于 Windows 开发的三维 CAD 系统，适用于产品设计和工程应用。

知识链接—其他辅助设计软件

**1. Rhinoceros**

Rhinoceros（通常缩写为 Rhino 或 Rhino3D，国内也称为犀牛）是一种商业 3D 计算机图形和计算机辅助设计应用程序软件。

犀牛用于计算机辅助设计、计算机辅助制造、快速原型制作、3D 打印和逆向工程等，包括建筑设计、工业设计（如汽车设计、船舶设计）、产品设计（如珠宝设计）以及多媒体和图形设计。

**2. SketchUp**

SketchUp 是一款由 Trimble 公司开发的三维建模软件，最初由 Last Software 公司开发，并于 2006 年被 Google 收购。后来，Trimble 在 2012 年从 Google 手中收购了

SketchUp 业务。该软件主要用于建筑、室内设计、景观设计、工业设计、游戏设计、影视制作等领域。

### 3. Blender

Blender 最初是由荷兰的一个动画工作室 NeoGeo 开发的内部软件，其主要程序设计者将软件源代码对外公开。从此，Blender 成为自由软件，并由 Blender 基金会维护和更新。

Blender 支持多种三维建模技术，如多边形建模、曲面建模、雕刻建模等；支持多种渲染引擎，如内置的 Blender Render 和 Cycles Render 以及第三方的 LuxRender、YafaRay 等；支持多种动画技术，如关键帧动画、骨骼动画、形变动画等；支持多种物理模拟技术，如刚体模拟、流体模拟、布料模拟、粒子模拟等；支持多种视觉效果技术，如光线追踪、阴影、反射、折射、景深、运动模糊等；支持多种材质和纹理技术，如节点材质、程序纹理、贴图纹理等；支持多种灯光和摄像机技术，如点光源、聚光灯、环境光、正交摄像机、透视摄像机等；支持多种文件格式的导入和导出，如 Collada、FBX、OBJ、SVG 等；支持 Python 脚本语言的扩展和定制。

## 1.1.3 国产计算机辅助设计软件

### 1. 中望 CAD

中望 CAD 是中望软件自主研发的二维 CAD 平台软件，凭借良好的运行速度和稳定性，完美兼容主流 CAD 文件格式，界面友好易用、操作方便。它在土木工程领域有着广泛的应用，能够帮助用户高效顺畅完成设计绘图。中望 CAD 操作习惯与 AutoCAD 保持一致，深受我国制造业从业者喜爱。

教育部的"1+X"建筑工程识图职业技能等级证书考试就是使用中望 CAD，在本教材的第 3 章☞中将会有更多介绍。

### 2. 天正 CAD

天正 CAD 是一款专为建筑设计领域开发的 CAD 软件，它提供了丰富的建筑设计相关的工具和功能，如建筑平面图、立面图、剖面图等的设计、标注、编辑等。天正建筑软件与 AutoCAD 等主流 CAD 软件有良好的兼容性，能够极大提高建筑设计的工作效率。

在本教材的第 5 章☞和第 7 章☞中将会有更多介绍。

### 3. 浩辰 CAD

浩辰 CAD 是浩辰软件开发的一款拥有自主核心技术的二维 CAD 平台软件。在土木工程领域，浩辰 CAD 凭借其精准的图纸显示，受到了建筑工程设计行业用户的青睐。软件自带天正接口插件，可以直接兼容天正 CAD 各版本图纸，使得建筑工程师可以轻松上手。

### 4. 探索者 TSSD

探索者 TSSD 是一款专为土木工程领域设计的 CAD 软件，拥有完善的建筑结构绘图工具集，包括绘制梁、板、墙、柱、桩等各类结构构件及常用绘图工具。同时提供了强大的参数化绘图功能以及丰富的结构分析和计算功能，可根据计算书绘图或读取计算模型数据进行绘图，确保设计的安全性和合理性，将施工图设计带入半自动化时代，实现智能化设计、智能化校审和智能化修改，大幅提升设计效率和质量，将结构施工图设计带入智能化时代。

本教材的第 4 章◎结构工程 CAD 应用中将有更多介绍。

**5. CAXA**

CAXA 是由北京数码大方科技有限公司自主开发的 CAD 软件，其功能齐全，使用简单。在土木工程领域，CAXA 提供了丰富的工具和功能，帮助工程师进行高效的设计工作。目前，CAXA 有多个版本，包括 CAXA 2022、CAXA Draft 等，以满足不同用户的需求。

## 任务 1.2　土木工程 CAD

土木工程（Civil Engineering）是建造各类土地工程设施的科学技术的统称。一般的土木工程项目包括建筑、水利及交通设施等。过去曾经将一切非军事用途的民用工程项目都归入本类，但随着工程科学日益广阔，不少原来属于土木工程范围的内容都已成为独立学科。土木工程的领域可以分为如下几个主要方向：

- 建筑工程：专注于建筑物的设计和施工，包括住宅、商业建筑和工业建筑。
- 结构工程：包括建筑物和桥梁的设计与构建，确保其具有足够的稳定性和安全性。
- 交通工程：包括道路、桥梁、隧道、铁路和机场等交通基础设施的设计和建设。
- 水利工程：包括水坝、引水渠、水库、排水系统等水资源管理和利用的工程。
- 环境工程：主要涉及污水、废水、固体废弃物处理以及环境保护和改善的工程。
- 岩土工程：研究地下岩土的性质，为工程建设提供地基和基础设计。
- 海洋工程：包括港口、航道、海岸工程等，与海洋环境有关的土木工程。

**1. 建筑工程 CAD 应用**

建筑工程涉及土建工程和装饰工程，土建工程主要内容包括：

（1）基本绘图：学习使用 CAD 软件进行基本的平面、立面、剖面和细部图的绘制。包括掌握绘图命令、图层管理、尺寸标注等基础绘图技巧。

（2）图形编辑与修改：掌握 CAD 软件中的图形编辑和修改工具，能够对绘制的图形进行调整、变形和编辑。

（3）布局与图纸设计：学习如何使用 CAD 软件进行图纸布局，包括平面布局、图框设计、标签和符号的插入等。

（4）CAD 标准和规范：熟悉并遵循相关的 CAD 标准和规范，确保绘图符合行业标准，便于与其他项目参与者进行交流。

装饰工程的主要内容包括：

（1）平面设计：使用 CAD 软件进行室内空间的平面布局设计，包括家具摆放、墙面装饰、门窗位置等。

（2）立体建模：利用 CAD 进行室内元素的三维建模，包括家具、装饰品、灯具等，更直观地呈现设计效果。

（3）材料和纹理选择：在 CAD 中进行材料和纹理的选择，模拟不同材质的表面效果，以帮助甲方更好地理解设计方案。

（4）颜色搭配：使用 CAD 软件进行颜色搭配和调整，确保整体设计风格的协调性。

（5）灯光设计：利用 CAD 进行室内灯光设计，包括照明布局、灯具的选择和光效模拟等。

（6）施工细节绘制：利用 CAD 进行施工细节的绘制，包括吊顶、墙面装饰、地板铺设等详细设计。

（7）家具和装饰品模型库管理：管理 CAD 软件中的家具和装饰品模型库，以便在设计中快速引入合适的元素。

**2. 结构工程 CAD 应用**

本教材的结构工程 CAD 应用主要采用探索者 CAD 软件实现，其内容主要有：

（1）图形接口：探索者 CAD 对计算分析软件的数据对接不断更新，将 PKPM、盈建科 YJK 等计算软件生成的梁板墙柱及钢结构施工图智能成图，一键转换到探索者 CAD 默认样式，从而使用探索者 CAD 提供的各种命令，对图面进行快速调整。图形接口下的图形接口工具条具有市面上其他绘图插件的所有功能，方便工程师对图纸进行快速编辑。

（2）平面设计：提供结构平面布置图的绘制工具，从轴网到梁、柱、墙、板，再到基础均可实现批量布置，参数化快速成图功能。只要输入几个参数，就可以轻松地完成各详图节点的绘制，方便编辑修改。

（3）结构计算：提供快捷的边算边画功能，计算工具全面，支持结构中常用构件的边算边画，既可以整个工程系统进行计算，也可以分别计算。可以计算的构件主要有板、梁、柱、基础、承台、楼梯、钢骨梁柱、挡土墙等，这些计算均可以实现透明计算过程，生成 Word 计算书。提供常用的构件、基础及构件内力等计算内容，并根据计算结果生成配筋图，避免多个软件切换。

（4）图形工具：具有结构绘图中常用的图面标注编辑工具，包括尺寸、文字、钢筋、表格、符号、比例变换、参照助手、图形比对等多个工具，囊括了所有在图中可能遇到的问题解决方案，可以大幅度提高工程师的绘图速度，提高设计效率。

（5）与办公软件互导：可将 Word 中的文字，Excel 中的表格直接导入到 CAD 中，也可反向导出，并给出快速编辑修改功能，具有在 CAD 中直接进行数据相加及相乘的功能，以提高设计效率和质量。

（6）内置规范：提供常用规范查询、在参数化绘图中输入数据的时候在程序内部进行规范检查、构件计算模块对输入的荷载和几何参数进行数检，对计算结果按照规范要求进行检查等一些必要的安全保障。

**3. 路桥工程 CAD 应用**

路桥工程 CAD 应用的主要内容包括：

（1）基础绘图技能：学习使用 CAD 软件进行基础的绘图，包括平面图、剖面图、纵断面图等。这包括了绘制道路、桥梁和相关结构的几何形状。

（2）道路设计：利用 CAD 软件进行道路的水平和垂直布置，包括车道、弯道、交叉口等设计。

（3）桥梁设计：使用 CAD 进行桥梁的设计，包括桥墩、桥梁梁段、桥梁承台等的绘制和建模。

（4）道路排水设计：利用 CAD 进行道路排水系统的设计，包括雨水的排水路径、雨水口和排水管道等。

（5）交叉口设计：在 CAD 中进行交叉口的设计，包括交叉口的形状、交通信号灯和交叉口标线等。

（6）工程量计算：利用 CAD 软件进行工程量的计算，包括道路和桥梁的长度、面积、体积等。

（7）施工图制作：使用 CAD 软件制作路桥工程的施工图，包括平面图、纵断面图、横断面图、结构细部图等。

**4. 机电设备和暖通 CAD 应用**

机电设备和暖通 CAD 应用的主要内容包括：

（1）详细绘图：CAD 软件还可以用于生成详细的施工图纸。这些图纸包括设备的平面图、立面图、剖面图等，详细展示了设备的尺寸、位置、连接方式等信息。对于暖通系统，CAD 可以绘制管道布置图、风口布置图等，以指导施工人员进行安装和布线。

（2）模拟与分析：CAD 软件通常具备模拟和分析功能，可以用于预测系统的性能和运行状况。对于机电设备，可以通过模拟分析设备的运行状况、能源消耗等，来优化设计方案。对于暖通系统，可以模拟空气流动、温度分布等，来评估系统的舒适性和能效。

（3）协同设计与数据交换：在机电设备和暖通设计中，通常需要与其他设计团队或专业进行协同设计。CAD 软件支持多种数据交换格式，方便与其他软件进行数据共享和协作。通过协同设计，可以确保各个专业之间的设计相互协调，避免冲突和矛盾。

（4）优化与改进：根据模拟分析的结果和实际需求，设计师可以对机电设备和暖通系统进行优化和改进。这包括调整设备的配置、优化系统的布局、改进连接方式等，以提高系统的性能、能效和舒适性。

# 项目二

## AutoCAD基础

 **素质目标**

在不同的历史阶段，中国人总能学习到新的技术，并不断发扬光大。从 AutoCAD 引入到中国后，科学家和技术人员就不满足于会使用，在 AutoCAD 的基础上，重新开发出适合国情的自主知识产权的各类应用软件。

在建筑行业的应用中，天正 CAD 软件是在 AutoCAD 基础上的插件软件，目前在多数建筑工程应用中都在使用。中望 CAD 软件则完全是拥有自主知识产权，每一行代码都是中国人自己写的。不管是天正 CAD 还是中望 CAD，它们的使用都比 AutoCAD 更为方便，也更适合中国人自己的习惯和行业标准，在后面的相关章节中将进行详细介绍。本章我们从 AutoCAD 基础开始介绍。

### 技能目标

- 了解 AutoCAD 的版本；
- 认识 AutoCAD2022 版本的界面；
- 掌握使用 AutoCAD 的基本流程，掌握基本绘图工具的使用；
- 通过学习新建文件，掌握计算机的文件和软件管理基本方法；
- 掌握直线、标注、等分、图层、偏移等基本操作；
- 通过案例渐进地掌握"卫生间"的图纸绘制。

## 任务 2.1 AutoCAD 介绍

Autodesk 几乎每年都会推出新版本的 AutoCAD，应用年份代表版本，如 AutoCAD2014，AutoCAD2022 等，其基础功能差异不大。本教材主要以 AutoCAD2022 为例进行讲解，并对部分差异进行说明。

### 2.1.1 用户界面

视频2.1
用户界面
介绍

从 AutoCAD 具有图形化用户界面开始，使用"AutoCAD 经典模式"的用户界面，

AutoCAD2016 版本后，取消了默认"AutoCAD 经典模式"，如果觉得还是经典模式方便，可以自行设置，这里不做介绍。

AutoCAD2022 用户界面如图 2-1 所示，默认有草图与注释、三维基础、三维建模等，图中显示的是"草图与注释"模式，用户可以在状态栏找到"设置按钮"进行切换或者自己定义。为了读者阅读的美观，图 2-1 的界面主题颜色设置为"明"，绘图区域背景为"白"，在绘图时通常设置为"暗"和"黑"以保护眼睛不至于疲劳。用户可自行设置，设置方法：在绘图区域右击鼠标（或快捷键"OP"）→"选项"→"显示"，在对话框中找到"颜色主题"和"颜色"进行设置。

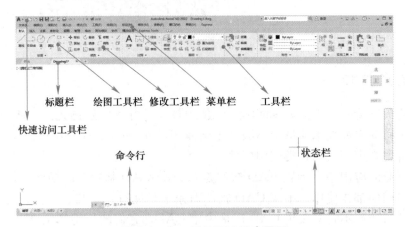

图 2-1　AutoCAD2022 用户界面

### 1. 工具栏

工具栏中的图标是启动命令的工具按钮，这种形象又直观的图标形式，能方便初学者记住复杂繁多的命令。单击工具栏上相应的图标来启动命令是初学者常用的方法之一。但建议从一开始就养成使用快捷键进行绘图操作的良好习惯，这样能大大提高绘图速度。

用户界面显示的有快速访问工具栏、工具栏、绘图工具栏、修改工具栏等。例如，位于界面顶端的快速访问工具栏包含了操作过程中最常用的快捷按钮，方便用户使用。快速访问工具栏在默认状态下包含 7 个快捷操作按钮，分别为"新建""打开""保存""另存为""打印""放弃"和"重做"。另外，还有一个"自定义快速访问工具栏"按钮，也可以在下拉菜单中添加或删除快捷按钮进行自定义设置。

工具栏中有"绘图""修改""注释""图层""块"等工具，这些工具可以进行显示/隐藏。设置办法：在工具栏处右击鼠标，如图 2-2（a），在菜单中选择"显示面板"，在菜单中打"√"即可显示，再选择可消除。

还有更多的工具可以调出来，设置办法："菜单"→"工具"→"工具栏"→Auto-CAD，在菜单中打"√"即可显示，再选择可消除，如图 2-2（b）所示。

 怎样记住快捷键

AutoCAD 操作中，有几十种的命令，如果每个命令都要在菜单中或者工具按钮中找，将会大大降低绘图的速度，因此系统设置了快捷方式。但如果靠死记硬背记住快捷键，则

**图 2-2　调整工具栏**

(a) 显示面板；(b) 工具栏

不能灵活使用。这里，推荐通过使用命令行记忆。方法是：在执行命令时注意看命令行的提示，命令行中显示了该命令的全称，按照命令行的提示逐个输入字符，当命令排到第一排时，这几个字符就是该命令的快捷键。如"矩形"命令，"REC"就是"矩形"命令的快捷键。

当然很多快捷键只有硬记，如很多软件通用的"Ctrl＋C"为复制，"Ctrl＋V"为粘贴，"Ctrl＋X"为剪切，"Ctrl＋Z"为撤销，"Ctrl＋Y"为还原撤销等。

**2. 菜单栏**

菜单栏包括"文件""编辑""视图""插入""格式""工具""绘图""标注""修改""参数""窗口"和"帮助"12 个菜单，每个菜单中又包含若干子菜单。菜单栏里几乎包括了 AutoCAD 中全部的功能和命令。

　"显示/隐藏"菜单栏

AutoCAD2022 用户界面的默认状态没有菜单栏，调菜单栏的方法是在命令行输入"MENUBAR"，空格→"1"，空格；如果需要隐藏，和前述一样操作，设置参数为"0"。

**3. 标题栏**

标题栏用于显示当前正在运行的程序名与文件名等信息。AutoCAD 图形文件的默认名称为"DrawingN. dwg"（N 是数字）。"dwg"是 AutoCAD 图形文件的文件拓展名。用户界面的最顶处也是标题栏，显示当前在操作的 dwg 文件。

**4. 命令行**

命令行是绘图窗口下端的文本窗口，它的作用主要有两个：一是显示命令的步骤，它像指挥官一样指挥用户下一步该干什么，所以在刚开始学习 AutoCAD 时，就要养成看命令行的习惯；二是可以通过命令行的滚动条查询命令的历史记录。为了更好地帮助用户查找更多的信息，可以按"F2"键激活命令文本窗口，这样查询命令的历史记录会更方便。再次按"F2"键，命令文本窗口即可消失。

**5. 状态栏**

默认状态下，状态栏上显示的是绝对坐标。此外，状态栏还显示了"显示图形栅格""捕捉模式""正交限制光标"等作图辅助工具的开关按钮。状态栏最右端是"自定义"，用户可以通过选择或取消里面的命令项来进行自定义显示设置。

## 2.1.2 AutoCAD 基础操作

**1.** 基本输入操作

1）命令的输入方式

视频2.2
AutoCAD
基础
操作

下面以绘制圆为例介绍命令的输入方式。命令的输入方式主要有以下三种：

（1）单击工具栏上的图标启动命令。对于新手来说，单击工具栏上的图标启动命令是最常用的一种方法。绘制圆时，单击"绘图"工具栏上的⊘图标，即可启动"圆"命令。

（2）通过菜单启动命令。可选择菜单栏中的"绘图"→"圆"命令来启动绘制圆命令。

（3）在命令行中输入快捷命令启动命令。在命令行中输入"C"后按"Enter"键或"空格"即可启动绘制圆的命令。

2）命令的撤销与重复

（1）命令的撤销。在进行命令输入时，按"Esc"键可中断正在执行的命令。

（2）命令的重复。在命令行为空的状态下，按"Enter"键或"空格"键会自动重复执行刚使用过的命令。

**2.** 图形的观察

在绘制图形的过程中，经常会用到视图的缩放、平移等控制图形显示的操作，以更方便和更准确地绘制图形。AutoCAD 提供了很多观察图形的方法，这里介绍最常用的三种：

1）实时平移

使用"实时平移"命令相当于用手将桌子上的图纸上下左右来回挪动。在命令行中输入"P"后按空格键，这时光标变成"手"的形状，按住鼠标左键并拖动光标即可上下左右随意挪动视图。最常用的方法是直接按住鼠标中键来实现平移。

2）实时缩放

使用"实时缩放"命令可以将图形任意地放大或缩小。单击标准工具栏上的"实时缩放"图标⁺ₐ，这时光标变成放大镜的形状，按住鼠标左键将鼠标向前推则图形变大，向后拉则图形变小。最常用的方法是上下滚动鼠标的中键来执行"实时缩放"命令。

3）范围缩放

使用"范围缩放"命令可以将图形文件中所有的图形居中并占满整个屏幕。在命令行输入"Z"后按空格键，然后输入"E"并再次按空格键即可执行"范围缩放"命令，此时会发现整个图形居中并占满整个屏幕，直接双击鼠标中键也可以实现同样的效果。

**3.** 图形对象的选择

1）点选

用鼠标左键单击图形对象，即可使其处于选中状态。在默认情况下可以连续操作以选中多个目标对象。

2）框选

当需要选择多个图形对象且图纸较为复杂时，框选显得更为灵活。框选是 AutoCAD 中使用频率最高的选择操作。框选有两种，一种是"左上"往"右下"，即在左上角左击鼠标，光标移到右下角左击鼠标，这时选框为淡蓝色，这样框选的对象必须是全部在框内才被选中；另外一种是"右下"往"左上"，方法同上，这时，选框是淡绿色，这样框选的对象只要被选框一部分即可被选中。在框选时，如果按下鼠标左键不放，则框选的区域可以是不规则区域。

3）全选

使用"Ctrl＋A"快捷键，就可以快速选中全部图形。

## 任务 2.2　AutoCAD 使用流程

AutoCAD 的使用说简单也简单，那是因为它使用的流程很简单：

- 新建文件；
- 添加元素（点、线、文字、符号）；
- 修改参数（根据图纸需要，修改尺寸、文字等）；
- 保存、输出。

AutoCAD 的使用说难也难，那是因为添加元素的种类多、逻辑关系严密、准确性和完整度要求高，能快速准确地把这些元素和参数按照要求完整地有机地组合、保存、输出，需要不断思考和练习。

下面通过完成几个任务简要介绍 AutoCAD 的使用流程。

**1. 新建一个文件**

任务描述：启动 AutoCAD2022，建立新的图形文件，命名为"学号＋姓名"的 dwg 文件，保存在本地"D："盘的"CAD 作业"文件夹中。工作空间设置为"草图与注释"；图形界限为"42000×29700"，左下角为（0，0），线型比例设置中的全局比例因子为"100"，绘图单位精度为"0.00"；将图形窗口设置为黑色，保存版本设置为"AutoCAD2004/LT2004 图形（*.dwg）"。

视频2.3
新建文件

步骤一：双击 AutoCAD2022 图标（在系统菜单中找到 AutoCAD 2022），启动。

步骤二：执行"Ctrl＋N"命令新建图形文件。

命令：启用新建命令/Ctrl＋N→选择"acadiso.dwt"图形样板→单击打开按钮。

步骤三：执行"切换工作空间/WS"命令，将工作空间设置为"草图与注释"。

步骤四：执行"重新设置模型空间界限/LIMITS"命令，设置图形界限。

命令："LIMITS"→"42000，29700"→空格或回车结束命令。

命令："Z"启用缩放命令→"A"重新生成模型。

步骤五：执行"线型管理器/LT"命令，设置线型显示比例。

命令："LT"→设置全局比例因子为"100"。

步骤六：执行"图形单位/UN"命令，设置绘图单位精度。

命令："UN"→设置长度精度为"0.00"。

步骤七：执行"选项/OP"命令，设置图形窗口颜色。

命令："OP"→显示选项卡→窗口元素颜色→黑色→运用并关闭。

步骤八：保存。

命令：文件保存/另存为→找到"D：/CAD 作业/"文件夹→命名为"学号＋姓名"→
找到"AutoCAD2004/LT2004 图形（*.dwg）"格式，如图 2-3（a）所示→保存。

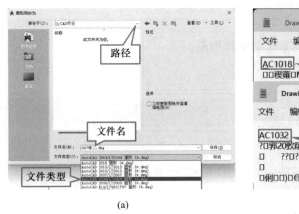
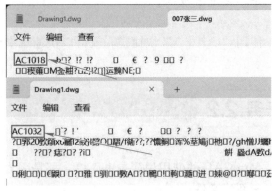

(a) (b)

**图 2-3　文件保存**
（a）保存文件；（b）检查版本

dwg 文件的保存

现今的计算机，包括手机等一些智能产品都称为"冯·诺依曼机"，它的组成有：
CPU（运算器和控制器组成）、内部存储器（内存）、外部存储器、输入输出设备。启动计
算机时，数据从外部存储器调入内存，经过 CPU 计算后放回内存，再由内部存储器保存
到外部存储器，或者输出。计算机的运行就是这一系列操作的组合。

内存的特点是速度快，但掉电时信息同时消失；外部存储器就是通常说的硬盘、U
盘、光盘等，它们在掉电后数据不变。在外部存储器中，信息都是以"文件"的形式保
存，这些文件有几百上千种，它们用不同的格式存放，通常用扩展名（后缀）来区别它们
的格式，不同格式的文件用不同的软件打开，如图片格式的".jpg"和".png"；文本格
式的".pdf"和".doc"；视频格式的".mp4"和".mov"；音频格式的".mp3"等，这
些文件通常使用软件的"保存"操作存放在外部存储器中。

通常用"文件夹"的形式分类存放文件，并通过"复制""粘贴""剪切""删除"等
工具对文件和文件夹进行移动及分类管理。在 Windows 操作系统中，硬盘通常被分为
"C:""D:""E:"等，C 盘通常存放操作系统和应用软件，一旦被占满，系统将无法正常
工作，因此不宜把制作完成的数据文件或者大量的文件信息存放在 C 盘，同时不建议图方
便而把文件放在"桌面"上，因为"桌面"也是被存放在 C 盘上。"桌面"通常用来放置
软件的快速链接，建议可以在桌面建立"文件夹"，设置"快捷方式"，把指向这些文件和
文件夹位置的"快捷方式"放在建立的"文件夹"中（硬盘的盘符从"C"开始，那是因
为早期电脑用 A、B 盘符指示"软盘"，而软盘已经淘汰）。

计算机的软件不是文件，通常不能通过"复制""删除"等方式来进行管理，而是要
通过"安装"和"卸载"来进行管理，直接"复制""删除"软件所在的文件夹和文件将
导致软件不能正常使用，少数无需安装版的软件除外。

文件和文件夹也可以被打包压缩成占用空间小的".zip""".rar""".7z"等压缩文件，这样压缩文件在使用前要被"解压"出来才能被使用。Windows 系统默认可以压缩和解压".zip"文件，一些压缩软件需要网络上进行下载，并安装后才能使用。

AutoCAD 制作的图纸以".dwg"的格式存放，但不同版本的 AutoCAD 生成的 dwg 文件也会有些许不同，因此导致低版本软件不能打开和编辑更高版本软件生成的 dwg 文件。在 Windows 操作系统中使用记事本打开 dwg 文件时，也会显示上次保存该文件的版本，如图 2-3（b）所示的"drawing1.dwg"和"007 张三.dwg"保存版本就不同。部分版本对照如下：

- AC1018-DWG AutoCAD 2004/2005/2006；
- AC1021-DWG AutoCAD 2007/2008/2009；
- AC1024-DWG AutoCAD 2010/2011/2012；
- AC1027-DWG AutoCAD 2013/2014/2015/2016/2017；
- AC1032-DWG AutoCAD 2018/2019/2020/2021/2022/2023/2024。

新建文件，命名为"姓名＋班级.dwg"，保存为 2007 以前的版本。

 采分点：

1）按要求命名；

2）扩展名为".dwg"；

3）用"记事本"打开文件后，代码不能为"AC1024""AC1027"或者"AC1032"。

**2. 直线、标注、等分**

任务描述：绘制长"100"的直线，并标注；把"100"的直线定数 5 等分，并标注；把"100"的直线定距等分"30"，并标注，执行结果如图 2-4（a）所示。

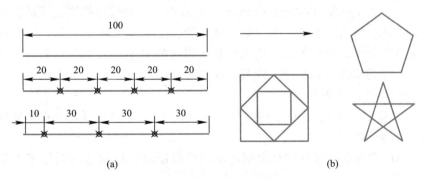

(a) (b)

**图 2-4　基本图形绘制**

（a）直线；（b）基本图形

打开正交和对象捕捉按钮，并设置端点、中点捕捉。

步骤一：执行"直线/Line"绘制长度为"100"的直线。

命令："L"，空格→指定第一个点→"100"，空格，空格。

步骤二：执行"标注/DIM"标注长度。

命令："DIM"（主菜单→标注→线性）→捕捉第一个点→捕捉第二个点→标注。

步骤三：执行"点样式/PT"设置点样式。

命令："PT"→选择点样式→设置点大小→确定。

步骤四：执行"定数等分/DIV"把直线5等分。

命令：重复步骤一，"DIV"（主菜单→绘图→点→定数等分）→选中直线→"5"。

步骤五：执行"快速标注/QDIM"快速标注5段直线。

命令："QDIM"（主菜单→标注→快速标注）→选中5段直线→标注。

步骤六：执行"定数距离/ME"在直线上距"30"进行分段。

命令：重复步骤一，"ME"→选中直线→"30"。

步骤七：执行"快速标注/QDIM"快速标注5段直线。

命令："QDIM"（主菜单→标注→快速标注）→选中5段直线→标注。

 采分点：

1）直线长度正确；

2）点明显；

3）等分正确；

　　　　4）标注正确。

**3. 基础图形绘制**

扫描二维码观看视频完成基本图形的绘制，基本图形如图2-4（b）所示：

- 用多段线绘制箭头；
- 用直线和捕捉绘制四边形；
- 用多边形和直线绘制五角星。

**4. 图层、偏移**

AutoCAD的图层（Layers）是一个组织和管理绘图元素的强大工具，允许用户将绘图中的对象（如线条、圆、文本、尺寸标注等）按照特定的分类进行分组，以便更高效地选择和编辑这些对象。每个图层都是独立的，具有自己的属性，如颜色、线型、线宽等。

图层的应用中注意以下几点：

- 图层可以将不同类型的对象（如墙体、梁柱、门窗等）分开，并在需要时方便地对其进行选择、编辑和控制。

- AutoCAD中的图层数量没有限制，用户可以创建任意数量的图层来组织和管理绘图对象。

- 每个图层都有一个名称，用于区分不同的图层。默认情况下，AutoCAD会创建一个名为"0"的默认图层，其他图层需要用户自定义，并且默认图层"0"不能删除。

- 图层可以用于控制对象的线型、颜色等特性。通过更改图层的属性，可以同时改变位于该图层上对象的特性。

偏移命令（Offset）是一个重要的绘图工具，它允许用户根据指定的距离或指定的点来创建同心圆（圆弧）、平行线或等距离曲线。这个命令在图形绘制过程中非常有用，特别是在需要快速生成平行或等距元素时。

观看视频学习如图2-5所示的图层设置和轴网绘制，配套素材文件见"1基础图形.dwg"。

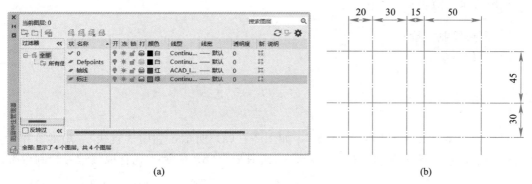

(a)　　　　　　　　　　　　　　　(b)

**图 2-5　图层设置、轴网绘制**

（a）图层设置；（b）轴网绘制

 采分点：

1）图层设置正确；

2）轴线线性正确；

3）偏移尺寸正确；

4）标注正确。

视频2.7
图层设置
和轴网绘
制

## 任务 2.3　土木工程 CAD 基础案例

### 2.3.1　绘制电梯

打开配套素材文件"2 电梯 .dwg"，如图 2-6（a）所示，利用"直线""矩形"和"移动"等功能，绘制 1 号电梯井内的电梯，如图 2-6（b）所示。观看视频学习绘制电梯。

视频2.8
绘制电梯

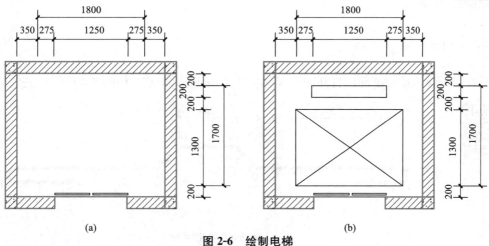

(a)　　　　　　　　　　　　　　　(b)

**图 2-6　绘制电梯**

（a）素材文件；（b）绘制完成

## 采分点：

1）图形绘制正确；

2）定位准确。

### 2.3.2 绘制台阶

打开配套素材文件"3 台阶.dwg"，如图 2-7（a）所示，利用"直线""矩形"和"复制"等功能，绘制该文理学院东入口台阶，如图 2-7（b）所示。观看视频学习绘制台阶。

视频2.9
绘制台阶

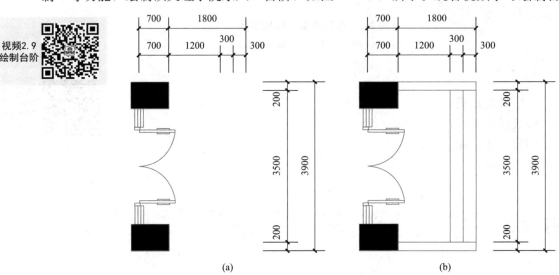

（a） （b）

**图 2-7 绘制台阶**

（a）素材文件；（b）绘制完成

## 采分点：

1）图形绘制正确；

2）定位准确。

### 2.3.3 绘制配筋

观看视频学习绘制配筋。打开配套素材文件"4 配筋.dwg"，如图 2-8 所示，完成绘制。

视频2.10
绘制配筋

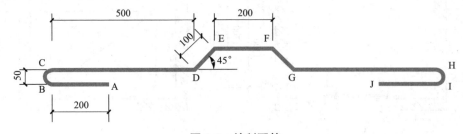

**图 2-8 绘制配筋**

采分点：

1）直线与圆弧的绘制切换准确；

2）"DE"与"FG"的相对极坐标输入准确。

### 2.3.4　绘制指北针

视频2.11
绘制指北
针

观看视频学习绘制指北针。打开配套素材文件"5 指北针 .dwg"，如图 2-9 所示，完成绘制。

采分点：

1）圆形半径绘制准确；

2）指针起点宽度与端点宽度设置准确。

### 2.3.5　绘制螺母

视频2.12
绘制螺母

观看视频学习绘制螺母。打开配套素材文件"6 螺母 .dwg"，如图 2-10 所示，完成绘制。

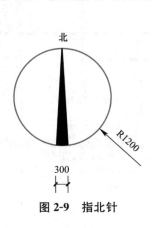采分点：

1）内圆半径绘制准确；

2）内多边形边长为"20"，且角度为逆时针旋转 30°；

3）内多边形与外多边形的偏移距离设置准确；

4）多边形与圆形的中心点重合。

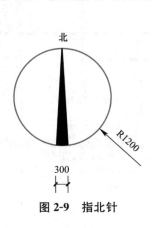

图 2-9　指北针

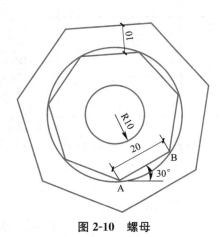

图 2-10　螺母

### 2.3.6　绘制卫浴洁具

视频2.13
绘制卫浴
洁具

观看视频学习绘制卫浴洁具。完成绘制如图 2-11 所示。绘制过程图纸见配套素材文件"7 卫生洁具 . dwg"。

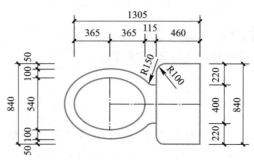

**图 2-11　绘制卫浴洁具**

采分点：

1）椭圆轴长绘制准确；

2）圆角半径绘制准确；

3）各图形元素相对位置准确。

### 2.3.7　绘制卫生间墙

打开配套素材文件"8 卫生间墙 . dwg"，根据如图 2-12（a）所示的轴线图，利用"多线""修剪"等功能，绘制文理学院公共卫生间平面图墙体，并修剪整理，完成墙体绘制如图 2-12（b）所示。观看视频学习绘制卫生间墙。

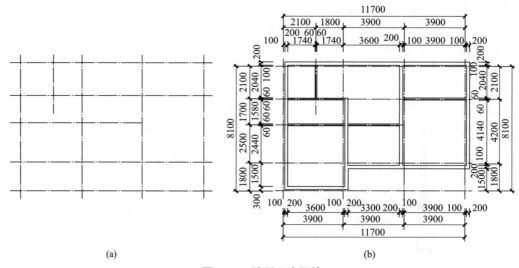

(a)　　　　　　　　　　　　　　　　(b)

**图 2-12　绘制卫生间墙**

（a）轴网；（b）卫生间墙

采分点：

1）使用多段线样式设置墙体；

2）墙线定位准确；

3）墙体厚度设置准确；

4）墙线编辑整理清晰。

### 2.3.8 绘制卫生间平开窗

视频2.15
绘制卫生间平开窗

建筑 CAD 平面图中有各种类型的窗户，以下介绍平开窗的绘制：一般用"多线"命令来绘制，所以先要定义一种有四根平行线、间距相等的多线样式，再用"多线"命令来绘制窗户平面图。

打开配套素材文件"9 卫生间平开窗.dwg"，利用"多线"功能，绘制卫生间平面图平开窗，如图 2-13 所示。观看视频学习绘制卫生间平开窗。

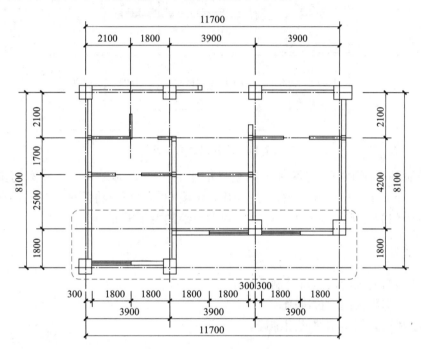

**图 2-13 绘制卫生间平开窗**

 采分点：

1）使用多段线样式设置平开窗；

2）平开窗定位准确；

3）平开窗表达符合制图规范。

### 2.3.9 绘制卫生间平开门

视频2.16
绘制卫生间平开门

打开配套素材文件"10 卫生间平开门.dwg"，利用"矩形""圆""修剪""图块"等功能，绘制卫生间平开门，如图 2-14 所示。

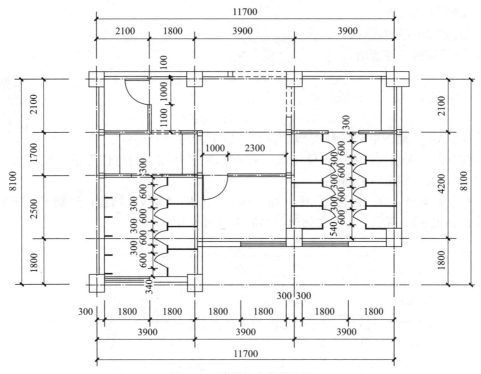

图 2-14　绘制卫生间平开门

在所绘制的平面图中，有两种不同型号的平开门，分别为 1000mm 宽的单扇平开门（全开）和 600mm 宽单扇蹲位隔板门（开启角度 60°）。可以将两种型号的门分别创建图块，再在各个门洞处插入这个块。观看视频学习绘制卫生平开门。

 采分点：

1）平开门与隔板门表达符合制图规范；

2）平开门与隔板门定位准确；

3）创建和插入门窗图块使用准确。

## 2.3.10　绘制卫生间洁具

在公共卫生间平面图中，卫生间洁具主要有洗漱盆、蹲便器等。打开配套素材文件，绘制洗漱盆 4 个、蹲便器 12 个，绘制完成后如图 2-15 所示。

打开配套素材文件"11 卫生间洁具.dwg"，按如下步骤完成：

1. 在图纸空白处绘制洗手盆。

2. 创建一个名为"洗手盆"的图块。

视频2.17
绘制卫生
间洁具

3. 执行"INSERT/I"命令，对照图纸，定位洗手盆位置，插入洗手盆图块。

4. 在图纸空白处绘制蹲便器，同上操作。

观看视频学习绘制卫生间洁具。

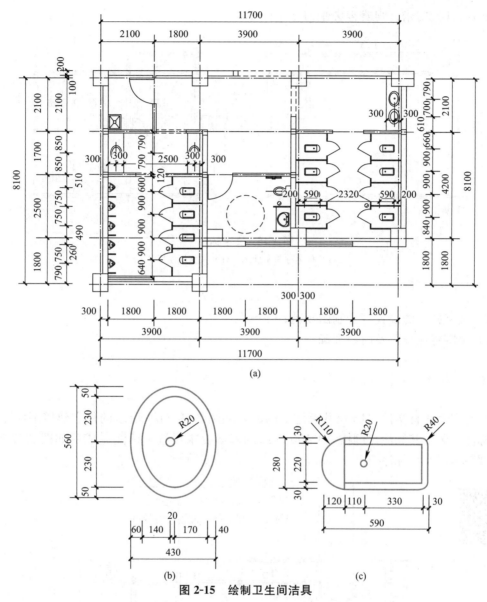

**图 2-15　绘制卫生间洁具**

（a）公共卫生间平面图；（b）洗漱盆；（c）蹲便器

采分点：

1）洗漱盆与蹲便器绘制准确；

2）准确创建洗漱盆图块与蹲便器图块；

3）准确插入洗漱盆图块与蹲便器图块。

## 2.3.11　建筑平面图的文字标注

视频2.18
文字标注

打开配套素材文件"12 文字标注 .dwg"，对如图 2-16（a）所示的住宅
建筑平面图进行文字标注，包括其标注比例按 1∶100 图纸的基本要求设置，标注完成后

如图 2-16（b）所示。观看视频学习文字标注。

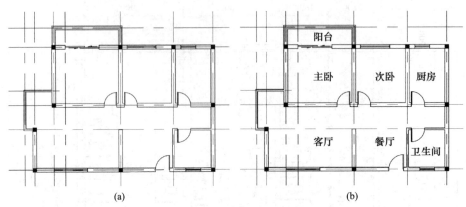

(a)                                    (b)

**图 2-16  文字标注**

（a）住宅建筑平面图；（b）文字标注后

采分点：

1）文字样式的设置符合制图规范；

2）文字标注位置及内容准确。

## 2.3.12  建筑平面图的尺寸标注

打开配套素材文件"13 尺寸标注 .dwg"，如图 2-16（b）所示的住宅建筑平面图进行尺寸标注，包括其标注比例按 1∶100 图纸的基本要求设置，标注完成后如图 2-17 所示。观看视频学习尺寸标注。

视频2.19
尺寸标注

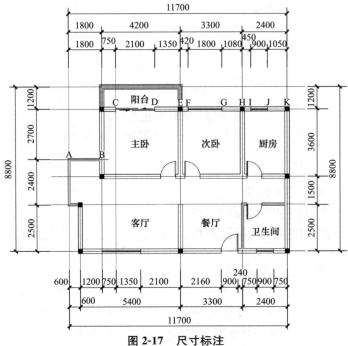

**图 2-17  尺寸标注**

住宅建筑平面图尺寸样式要素设置表见表 2-1。

住宅建筑平面图尺寸样式要素设置表　　　　　　　　　　　　　表 2-1

| 类别 | 项目名称 | 设置新值 |
| --- | --- | --- |
| 尺寸界线 | 超出尺寸线 | 2.5 |
| | 超点偏移量 | 3 |
| | 固定长度的尺寸界限 | 10 |
| 箭头 | 第一个 | 建筑标记 |
| | 第二个 | 建筑标记 |
| | 箭头大小 | 2 |
| 文字外观 | 文字样式 | 用户设置,如"尺寸标注数字",<br>字体名设置"romans. shx" |
| | 文字高度 | 2.5 |
| 文字位置 | 垂直 | 默认设置"上" |
| | 水平 | 默认设置"居中" |
| | 从尺寸线偏移 | 1 |
| 调整 | 调整选项 | 文字始终保持在尺寸界限之间 |
| | 文字位置 | 尺寸线上方,不带引线 |
| 单位 | 线性标注 | 精度设置"0" |

 采分点:

1) 尺寸标注样式的设置符合制图规范;
2) 尺寸标注界线定位准确;
3) 尺寸标注数字标注清晰无重叠;
4) 平行排列的尺寸线间距符合制图规范。

## 2.3.13 建筑平面图的轴号标注

视频2. 20
轴号标注

打开配套素材文件"14 轴号标注 . dwg",进行轴号标注,包括其标注比例按 1:100 图纸的基本要求设置,标注完成后如图 2-18 所示。观看视频学习轴号标注。

采分点:

1) 轴号标注样式的设置符合制图规范;
2) 轴号标注定位准确;
3) 轴号数字或字母编写准确。

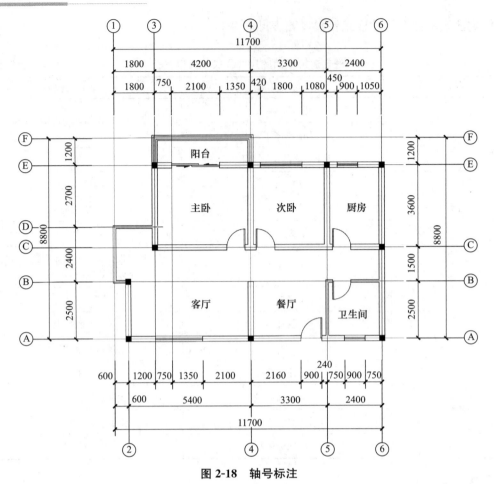

图 2-18 轴号标注

项目三

# 建筑工程CAD应用

 **素质目标**

本教材以某高校的文理学院的实际建筑施工图作为案例进行讲解。用一楼的楼梯间平面图作为案例引入，让学生掌握建筑CAD的基本操作、基本概念，然后介绍建筑施工图的平面图、立面图、剖面图以及整栋建筑的建筑施工图纸。在后面章节的各专业应用中，也将采用该文理学院的实际建筑施工图绘制作为案例讲解，方便学生建立和理解整体建筑工程CAD的应用。

团队意识：在土建工程的CAD绘图和工程项目中，图纸不再是单一绘制，而要整理考虑整个建筑，在绘制中，团队协作很重要，因此在本项目的学习中要注意整体意识、团队意识。

"工匠"精神：建筑施工图元素"多、细、密"，因此在绘图中要弘扬对细节的极致追求和对品质执着坚守的工匠精神。

## 任务 3.1　绘制建筑平面图

**技能目标**

- 能准确地对建筑平面图的内容进行识读分析；
- 能较为熟练地完成建筑平面图的绘制。

### 3.1.1　绘制楼梯间平面图

如图3-1所示的2号楼梯1层平面详图，虽然规模小，但包含了平面图绘图的主要操作，也包含了建筑CAD的主要绘图思路，这些步骤包括：

视频3.1
楼梯间-图
框和轴线

- 设置比例尺、绘制图框；
- 绘制轴网；

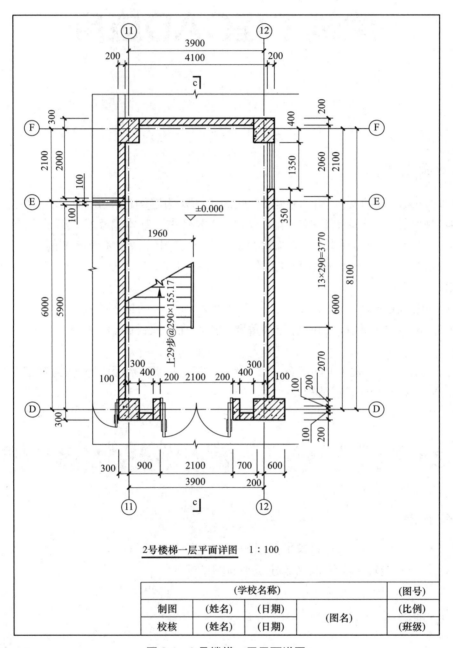

2号楼梯一层平面详图 1:100

| (学校名称) | | | | (图号) |
|---|---|---|---|---|
| 制图 | (姓名) | (日期) | (图名) | (比例) |
| 校核 | (姓名) | (日期) | | (班级) |

图 3-1 2号楼梯一层平面详图

- 绘制柱、墙；
- 绘制门；
- 绘制窗；
- 绘制楼梯；
- 标注；
- 保存、输出。

**1. 设置比例尺、绘制图框**

从图 3-1 中可以看出，楼梯竖向最大尺寸为 8100mm，横向最大尺寸为 4800mm，比例尺为 1∶100，从图 3-2 的工程图纸的尺寸图可以看出，A5 图纸竖向放置的高宽分别是 210mm、148mm，乘以 100 后，为"21000×14800"的矩形，比较合适放下 2 号楼梯间平面图（特别说明：建筑工程中通常没有 5 号图纸，本案例的建筑规模小，因此用不常见的 5 号图纸作为示意）。

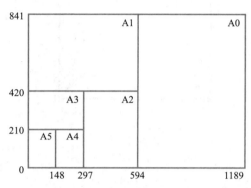

图 3-2　工程图纸尺寸示意

绘制图框的步骤如下：

1）设置"图框"图层，再设置该图层为当前；

2）用"矩形"命令绘制"21000×14800"的矩形（打印出来是 210mm×148mm）；

如图 3-3 绘制图纸外框，快捷键输入"REC"［图 3-3（a）］，在原点附近左击鼠标，然后输入竖向距离"14800"［图 3-3（b）］，按"Tab"键后，输入横向距离"21000"［图 3-3（c）］。

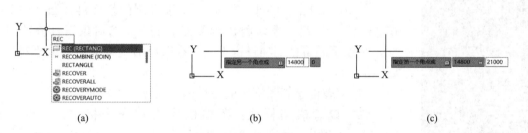

图 3-3　绘制图纸外框

（a）矩形命令；（b）；输入竖向距离；（c）输入横向距离

3）用偏移指令"O"，向内偏移"500"（打印出来是 5mm），用"夹点编辑"把内框的上沿再往下移"700"，留出图纸的装订区"1200"（打印出来是 12mm）。

输入偏移指令"O"→输入将要偏移的距离"500"→选中外框→鼠标移到图框内左击，完成偏移操作。

　夹点编辑

如图 3-4 所示为夹点编辑，鼠标移动到内框点击左键，内框被选中，在内框的四周出现蓝色的矩形称为"夹点"［图 3-4（a）］。当鼠标移到这些"夹点"中的任何一个，"夹点"变为橙色，这时点击鼠标左键，即可进行夹点编辑［图 3-4（b）］。

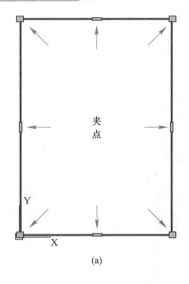
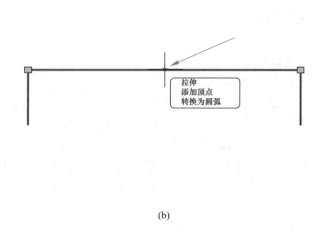

(a)　　　　　　　　　　　　　　　　　　　　　　　(b)

**图 3-4　夹点编辑**

（a）夹点；（b）夹点编辑

4）设置内框为 0.5mm 粗线（特别说明：图纸对应的线粗参见《房屋建筑制图统一标准》GB/T 50001—2017）。

**图 3-5　对象属性修改**

选中内框，按"Ctrl＋1"，如图 3-5 所示修改图框线宽为"50"（打印出来是 0.5mm）。

对象属性修改"Ctrl＋1"

AutoCAD 中"Ctrl＋1"是一个很好用的快捷键，当选中对象按"Ctrl＋1"后，系统将出现类似于图 3-5 的对象属性修改对话框，对象不同属性的项目也不同，可以灵活地根据需求更改对象的属性值。

5）用表格绘制图框中的信息框，具体操作如下：

（1）设置表格样式：菜单栏→格式→表格样式（快捷键"TS"），在跳出的窗口中左击"新建"，以"Standard"为基础新建名称为"信息表"的表格样式。如图 3-6（a）所示，表格样式设置的操作主要为设置"标题""表头""数据"的"常规""文字"以及"边框"。本案例中，用到的表格均为"数据"部分，设置数据的"常规"中"水平"和"垂直"为"50"，"文字"中的"文字高度"为"200"，然后设置"信息表"为"当前"。

（2）插入表格：菜单栏→绘图→表格（快捷键"TAB"），跳出"表格"对话框，如图 3-6（b）所示，进行"行和列设置""设置单元式样"，用移动命令"M"，把表格移到右下角。

（3）调整表格：表格插入后，选择表格中的单元格，进行：合并（选择需要合并的单元格→右击鼠标选择"合并→全部/按行/按列"）、调整高度、宽度（夹点编辑）、输入文字（双击鼠标左键后，输入文字），如图 3-6（c）所示。

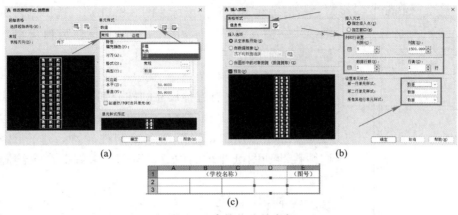

(a)　　　　　　　　　　　　　　　　(b)

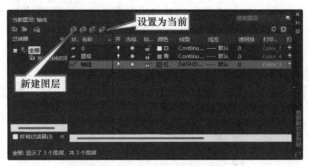

(c)

**图 3-6　表格作为信息框**

（a）设置表格样式；（b）插入表格；（c）调整表格

**2. 绘制轴网**

在图纸中绘制垂直交叉的轴线，使用"偏移"指令，连续操作，一次性地完成轴网绘制，具体操作如下：

1）在菜单→格式→图层中调出图层设置，如图 3-7 所示设置"轴线"图层，颜色设置为"红"，线性设置为"DASHDOT"；

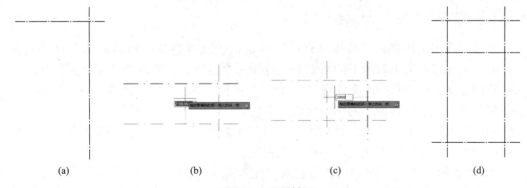

**图 3-7　设置"轴线"图层**

2）如图 3-8（a）所示用"直线"命令绘制交叉的轴线，输入快捷键"O"→输入"2100"，选择偏移的对象（横轴线）→在横轴线下方左击鼠标，选择偏移的对象（第二条

(a)　　　　　　　(b)　　　　　　　(c)　　　　　　　(d)

**图 3-8　绘制轴网**

（a）交叉轴线；（b）偏移横轴线；（c）偏移竖轴线；（d）完成轴网绘制

横轴线）输入"6000"→在第二条横轴线下方左击鼠标［图 3-8（b）］，选择偏移对象（竖轴线）→输入"3900"［图 3-8（c）］→在竖轴线左方左击鼠标，完成轴网绘制［图 3-8（d）］。

**3. 绘制柱、墙**

在图 3-1 中，有五种尺寸的柱分别是 2 根"700×600"，2 根"600×200"，1 根"600×600"，1 根"600×900"，1 根"200×200"。用"矩形"命令绘制柱轮廓，进行图案填充，把柱移动到图纸要求的位置，再用"多线"命令绘制墙，如图 3-9 所示。

具体操作如下：

1）设置柱图层，设置为当前图层。绘制单根柱：

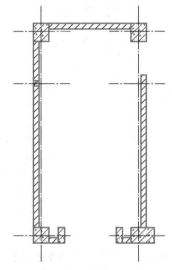

图 3-9 绘制柱、墙

如图 3-10（a）所示，左上角的"柱"与轴线交点的偏移值分别为"300"和"400"，以左上角的交叉点为基点绘制"600×700"的矩形［图 3-10（b）］。输入"H"，选择图案"AR-CONC"进行图案填充，设置图案填充比例为"3"，结束图案填充，再输入"H"，选择图案"STEEL"进行图案填充［图 3-10（c）］。选中矩形和图案填充，右击鼠标，选中"组"→把图案形成一个整体。锁定"正交"，选中"组"，用"M"指令向下移动"400"，向左移动"300"［图 3-10（d）］。

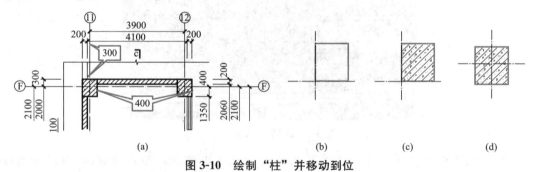

图 3-10 绘制"柱"并移动到位

（a）"柱"的位置；（b）绘制"柱"；（c）图案填充；（d）移动到位

💡 关于图案填充

• 初学者在图案填充时，经常填充后完全是白色或者色块，那是因为默认的比例太小，类似于乘飞机在天上看地下的草地是一片绿一个道理。解决的办法是在图案填充前设置大一些的比例，或者选中图案，按"Ctrl+1"在特性属性中的"图案"→"比例"设置大一些的数值，如前述案例中的图案比例一个为"3"，一个为"100"。

• 同一区域的图案填充可以叠加填充，如前述案例中的柱材质为钢筋混凝土，因此进行了两次填充，一次填充混凝土，一次填充钢筋。

2）用"镜像"命令"MI"绘制右边的"柱"。

具体操作：如图 3-11（a）所示输入快捷键"MI"→选择"柱"组→选择中线作为对称线［图 3-11（b）］→选择"否"保留源对象（柱），完成镜像［图 3-11（c）］。

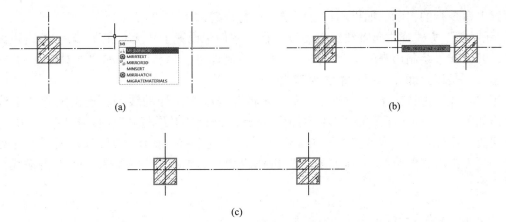

**图 3-11　"镜像"命令绘制柱**

（a）输入"镜像"命令；（b）以中线为"镜"；（c）完成

3）用相同方法，完成其他"柱"的绘制。

4）用"多线"命令绘制墙。

"多线"命令在设置完成多线样式后，可以在当前样式下，同时绘制出多条线，通常用"多线"命令绘制"墙"和"窗"。具体操作如下：

（1）设置"墙"图层，如图 3-12（a）所示输入快捷键"MLST"打开多线样式编辑窗口，如图 3-12（b）所示新建名为"200 墙"的多线样式，如图 3-12（c）所示设置多线样式的参数，其中"偏移"是指绘制出的那条线与中心线的距离，选中那条线后可以设置"偏移"值，左击"添加"可以新添加一条线。案例中的墙厚度为"200"，距离轴线"200"，因此设置一条线偏移值为"100"，一条线偏移值为"300"。设置完成后把"200墙"设置为当前。

**3-12　设置多线样式**

（a）设置多线样式；（b）新建多线样式；（c）设置多线样式参数

（2）输入"多线"命令"MLST"，在命令行中找到设置"对正方式"为"无对正"，"比例"为"1"，"样式"为"200 墙"，如果默认已经是这些值则不用设置。捕捉轴线与"柱"的交点逐条绘制墙线。

（3）在墙线中填充图案"ANSI31"。

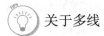 关于多线

系统默认的多线比例为"20"，很多初学者绘出的墙线太宽就是源于此，只要在绘制

前注意看命令行的提示，如果不符合要求，进行设置即可。

"无对正"方式通常是轴线穿过墙线，在上案例中设置了"无对正"，第一条线距离轴线"200"，如果绘制出来的不对，换一个方向绘制即可。"上对正"和"下对正"的方式，顾名思义，是以上面和下面一条线为基线。

当"多线"进行交叉时，使用"多线编辑"修改交叉处的线条。连击两次"多线"，即跳出如图 3-13（a）所示的"多线编辑"工具。进行"T 形打开"时，把多线比喻成流动的河流，应先点击汇入的多线，再点击接受汇入的多线。如图 3-13（b）所示，先点击横线，再点击右边的竖线，"T 形打开"操作成功；而先点击左边竖线，再点击横线，则操作失败。

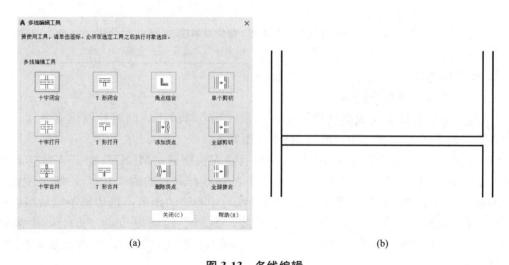

|        | (a)    | (b)    |

**图 3-13　多线编辑**

(a)"多线编辑"工具；(b) T 形打开

**4. 绘制门**

在图 3-1 中，有两扇门，一扇单开、一扇双开，图纸上没有标明门的具体尺寸，只有门的整体宽度，目测两扇门是等比放大。因此考虑绘制先绘制左侧的单开门，把门定义成块，用放大、镜像命令完成双开门绘制。具体操作如下：

1）绘制门：用"直线"命令绘制"门"的平面图：打开"正交"→输入"L"，捕捉到"柱"的左下角交点，左击→鼠标往左移，输入"50"，空格→鼠标往下移，输入"800"，空格→鼠标往左移动，输入"50"，空格→鼠标往上移动，输入"700"，空格→鼠标往右移，输入"100"，空格→鼠标往上移，输入"100"空格。如图 3-14（a）中①所示。

2）绘制门把手：输入"L"，捕捉到门左边直线的中点，左击→鼠标往左移，输入"250"，空格→鼠标往下移，输入"242"，空格→鼠标往右移，输入"25"，空格。如图 3-14（a）中②所示。

3）用"镜像"命令绘制门把手另一面，如图 3-14（a）中③所示。

4）绘制"门"的开关弧线：输入"ARC"，空格→输入"C"（指定圆心），空格→捕捉到门与门栓的交点，左击→捕捉到直线下端的端点，左击→输入"A"（弧度），空格 → 输入"－90"（注：AutoCAD 中弧度顺时针为负，逆时针为正）。如图 3-14（a）中④所示。

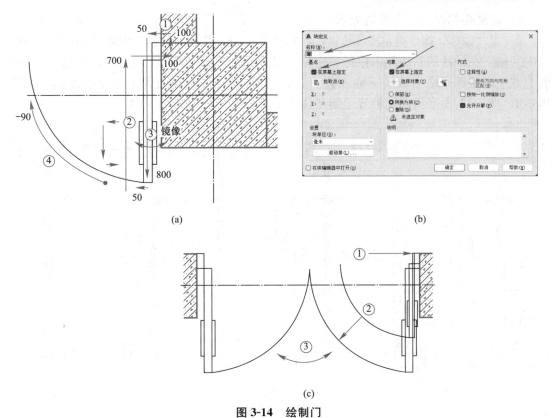

图 3-14　绘制门

（a）绘制单开门；（b）定义"块"；（c）绘制双开门

5）输入"B"，设置"块"，命名为"门"，设置在屏幕上指定基点，在屏幕上指定对象，如图 3-14（b）所示，指定右上角交点为"门"块的基点，选中"门"的所有线条，空格。

6）输入"I"，选中"门"块，捕捉到右上角的点，左击插入。用"SC"命令放大 1.4 倍［单门的整体宽度为"750"，双面的整体宽度为"2100"，$2100\div(750\times2)=1.4$］。用"MI"命令镜像，得到双开门，如图 3-14（c）所示。

视频3.3
楼梯间-楼
梯和轴号

**5. 绘制窗**

窗的绘制比较简单，在图 3-1 中，有两扇窗，都用"200"的多线绘制。定义"多线样式"，添加（设置）4 条直线，偏移分别为："100""35""−35""−100"。用"ML"命令绘制两扇窗，如图 3-15 所示。

**6. 绘制楼梯**

从图 3-1 中的尺寸标注可以看出，楼梯距离左边的墙线距离为"1960"（也就是距离⑪轴 $1960-100=1860$），楼梯起步距离下方的"柱"上沿为"2070"（也就是距离①轴 $2070+200+100=2370$），楼梯台阶的每级深度为"290"，共 13 级，台阶总宽度为"3770"。绘制楼梯先确定右面扶手的位置，再从下沿开始绘制台阶，具体操作如下：

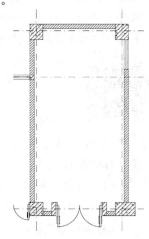

图 3-15　绘制窗

1）定义楼梯图层，并设置为当前。

2）用"偏移"指令确定楼梯位置，绘制扶手：输入"O"→输入数值"1860"，空格→选中⑪轴，在轴线的右边左击鼠标，空格→选中Ⓓ轴，输入数值"2370"，空格→在轴线的上方左击鼠标→选中轴线→输入数值"3770"，空格→在轴线的上方左击鼠标，空格。用矩形"REC"命令沿中间轴线绘制楼梯扶手，如图 3-16（a）所示。

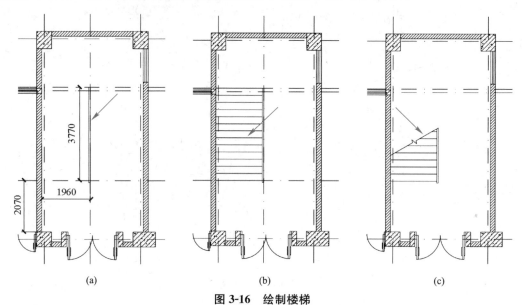

（a）                  （b）              （c）

**图 3-16　绘制楼梯**

（a）绘制扶手；（b）绘制台阶线；（c）修剪

3）绘制台阶线：沿楼梯台阶起步线绘制直线，输入快捷键"AR"（矩阵），空格→选择对象（绘制的直线），空格→选择"矩形、路径、极轴"中的"路径"→左击⑪轴→输入"I"（选择"项目"）→输入台阶深度"290"，空格→输入台阶线"14"（13 级台阶需要绘制 14 条线），空格→完成台阶的绘制，如图 3-16（b）所示。

4）修剪：用"分解"命令（快捷键"EXPL"）把扶手（矩形）、台阶线（矩阵）分解为单个元素→绘制分界线→用"修剪"命令（快捷键"TR"）修剪多余的线：输入"TR"→选择分界线，空格→选择被修剪掉的部分，空格，完成修剪→删除多余的线条和轴线（留下Ⓔ轴上面的轴线做标注用），如图 3-16（c）所示。

**7. 标注**

1）轴号标注

从图 3-1 中可以看出，轴号标注一共有 10 个，都是由一个圆圈和里面的字符组成，此类对象的绘制适用使用"块"操作。在"门"的绘制中使用了"块"操作，这里不同的是轴号标注里的字符是变化的。因此字符应该用"定义属性"完成。具体操作如下：

（1）设置"标注"图层，并设置为当前。

（2）绘制圆圈：输入快捷键"C"→找任意一处左击→输入数值"400"。

（3）输入"定义属性"："菜单"→"绘图"→"块"→"定义属性"（快捷键"ATT"），跳出"属性定义"窗口，如图 3-17（a）所示，按图中设置完成，左击"确定"。出现"A"

视频3.4
楼梯间-标注和出图

字符跟随鼠标，找到圆的圆心，如图 3-17（b）所示，左击鼠标，完成，如图 3-17（c）所示。

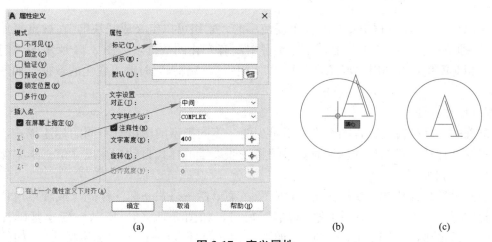

(a)　　　　　　　　　　(b)　　　　　　　　　(c)

**图 3-17　定义属性**

（a）"属性定义"窗口；（b）放置字符；（c）完成放置

（4）定义块：输入"B"，设置"块"，命名为"轴号"，设置在屏幕上指定基点，在屏幕上指定对象，指定圆心为"标准"块的基点，选中"圆"和"A"，空格，跳出"编辑属性"对话框，任意输入一个字符，左击确定。

（5）插入"块"：输入"I"，跳出"插入"对话框，选择"轴号""轴号块"跟随鼠标移动，捕捉到轴线的端点，如图 3-18（a）所示，左击鼠标，跳出"编辑属性"对话框，输入"11"，左击"确定"得到如图 3-18（b）所示的效果，用"移动"命令把"轴号块"移动到轴线的端点 [图 3-18（c）]。用相同的办法绘制其他轴号 [图 3-18（d）]。

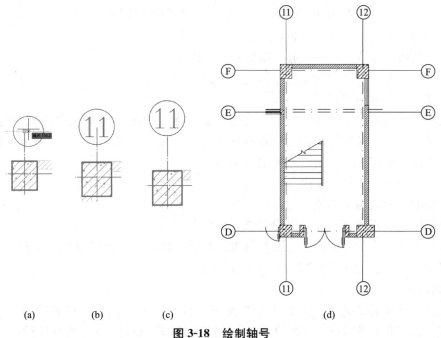

(a)　　　　　(b)　　　　　(c)　　　　　　　　(d)

**图 3-18　绘制轴号**

（a）捕捉轴线端点；（b）输入轴号；（c）移动"轴号块"；（d）绘制其他轴号

**"块"操作**

AutoCAD 绘图过程中，对于被重复使用的元素组可以定义成"块"，在被重复使用时"插入"即可。在这些"块"中，有的元素中没有变化的数据，如图 3-14 所示的"门"的绘制，相对简单；有的用"定义属性"，以实现每次"插入"时输入变化的数据，如图 3-17 所示。

2）尺寸标注

准确的尺寸标注是工程图纸中必不可少的，不同类型的图纸有不同的标注样式，通常先设置标准样式。进行尺寸标注时，系统将按照设置的样式自动标注尺寸值。本案例中的尺寸标注步骤如下：

（1）设置标注样式（快捷方式"DST"）：菜单栏→格式→标注样式（或者菜单栏→标注→标注样式）调出"标注样式管理器"窗口，如图 3-19（a）所示→新建基础样式为"Standard"的标注样式"DIMN50"，如图 3-19（b）所示→设置"标注样式"，如图 3-19（c）所示。

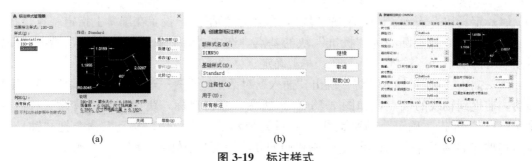

（a） （b） （c）

**图 3-19 标注样式**

（a）"标注样式管理器"窗口；（b）新建；（c）设置标注样式

本案例中主要进行了以下设置：

• 线：超出尺寸线"250"，起点偏移量"300"；

• 符号和箭头：符号"建筑标记"，箭头大小"300"；

• 文字：文字大小"400"。

特别说明：设置"主单位"中的"比例因子"，标注出的尺寸值将乘以该数值。

（2）尺寸标注：按照《房屋建筑制图统一标准》GB/T 50001—2017 的标准进行图纸中的尺寸标注，如图 3-20 所示，注意以下原则：

• 大尺寸在外，小尺寸在内；

• 标注的尺寸数据不能相互覆盖；

• 图形内尽量不做标注，可以用引线引出数据；

• 自动标注出来的数据值不能随便修改，只能修改对该数据的说明，如双击台阶的尺寸数据"3770"，把数值改为"290×13＝3770"。

3）其他标注

其他标注主要指的是文字标注、地坪标注、楼梯走向、剖面图剖切符等。文字标注前进行文字样式的设置如图 3-21 所示。设置和标准都相对简单，在具体应用时尝试并使用。

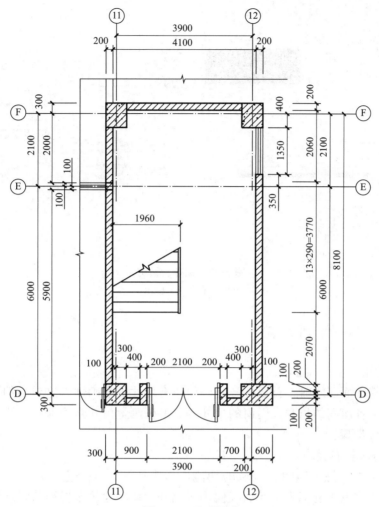

图 3-20　尺寸标注

图 3-21　文字样式

**8. 保存、输出**

保存：Autodesk 公司每年都推出新版 AutoCAD 软件，新版软件可以打开旧版软件保存的 dwg 文件，反之则不行。可在文件"另存为"时，选择文件类型，保存为不同版本的 dwg 文件，如图 3-22（a）所示。

图片或 pdf 输出：在"菜单栏→文件→打印"（快捷键"Ctrl＋P"）调出打印窗口，如图 3-22（b），注意选择打印机、图纸尺寸，打印范围为"窗口"，打印样式表的出图颜色。

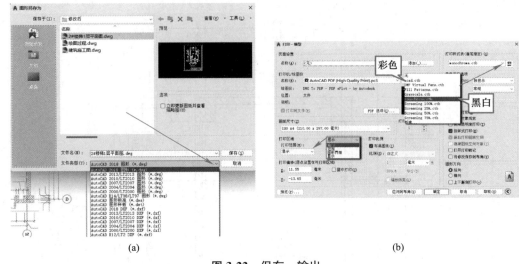

(a)                                                    (b)

**图 3-22　保存、输出**

（a）保存；（b）输出

## 3.1.2　建筑平面图绘制要点

**1. 准确测量尺寸**

在绘制建筑平面图之前，首要任务是确保所有尺寸的准确性。这包括但不限于建筑物的总长、总宽、各房间的长宽、门窗的尺寸等。准确测量尺寸是确保建筑平面图与实际建筑物一致的关键步骤。

**2. 清晰标注房间功能**

建筑平面图中，每个房间或区域的功能应清晰标注，如卧室、客厅、厨房、卫生间等。清晰的标注有助于施工人员和后续使用者更好地理解建筑布局和功能划分。

**3. 合理规划门窗位置**

门窗的位置在建筑平面图中应合理规划，确保通风、采光和使用方便。同时，门窗的位置也应与整体建筑风格和功能需求相匹配。

**4. 考虑结构安全要素**

在绘制建筑平面图时，必须考虑结构安全要素，如承重墙的位置、梁的布置等。这些要素的合理规划对于建筑物的稳定性和安全性至关重要。

**5. 细致表达细部做法**

建筑平面图应细致表达细部做法，如墙面的装饰、地面的铺装、吊顶的处理等。这些细节的处理对于提升建筑整体的美观度和实用性都非常重要。

**6. 准确表达材料做法**

图中应明确标注各种材料的使用位置和做法，如墙面涂料、地面材料、门窗材质等。准确表达材料做法有助于施工人员选择合适的材料，并保证施工质量。

**7. 遵循制图规范标准**

建筑平面图的绘制应遵循相关的制图规范标准，如比例尺、线型、字体大小等。遵循这些规范可以确保图纸的准确性和可读性，方便施工人员和后续使用者理解和使用。

**8. 完整呈现细节标注**

图纸中应完整呈现所有的细节标注，如轴线编号、尺寸标注、门窗编号等。这些细节标注对于施工过程中的定位、放线和材料采购都非常重要。

## 3.1.3　文理学院建筑平面图

**1. 建筑平面图内容**

1) 一层平面（⚙附图 1）：⑫～①轴方向有进门台阶和大门、门厅，门厅西面有 1 号楼梯和电梯；Ｆ～Ａ方向有进门台阶和侧门、进门通道；Ａ～Ｆ方向有进门台阶和侧门、进门通道，通道北面有 2 号楼梯（详见 3.1.1 绘制楼梯间平面图），南门有卫生间；①～⑫轴方向有两道门，一道在⑤～⑥之间，楼梯上，一道在⑧～⑨之间，斜坡加楼梯上；门外两处沉淀池非建筑本体或附属。

2) 二层平面图（⚙附图 2）：二层平面由西面的 1 号楼梯或者东面的 2 号楼梯上，Ｂ～Ｃ轴与⑤～⑨轴之间的区域为中空，卫生间与一层相同。

3) 三、四层平面图（⚙附图 3 和⚙附图 4）：三、四层平面都由西面的 1 号楼梯或者东面的 2 号楼梯上，卫生间与一层相同。

4) 五层平面图（⚙附图 5）：五层平面由西面的 1 号楼梯或者东面的 2 号楼梯上，卫生间与一层相同，Ａ～Ｃ轴与④～⑨轴之间的区域为露台，五层平面图相对简单，图纸内绘制了专业绘图室平面详图。

5) 屋顶平面图（⚙附图 6）：五层平面由西面的 1 号楼梯上到楼梯间顶层，四周为宽"200"的女儿墙，东面和西面有两个装饰架，Ａ～Ｃ轴与④～⑨轴之间的区域为五层露台。

6) 楼梯间平面详图、卫生间平面详图（图 3-23 和图 3-24）。

**2. 平面图绘制步骤**

分析文理学院的平面图，整栋楼的平面图结构都相似，一层平面，能够更详细展现平面结构，以一层平面图作为标准层进行绘制，其他平面图和详图在一层平面图的基础上进行绘制。以下简要介绍三层平面图的绘制步骤，详细操作见 3.1.1 绘制楼梯间平面图。

1) 确定绘图内容和比例尺：比例尺为 1∶100，横向最大尺寸为 63000，竖向最大尺寸为 19500，根据⚙图 3-2 的图纸尺寸，加上标注、符号、表格等采用 A1 号图纸横向放置较为合适，即 82000mm×58400mm。根据《房屋建筑制图统一标准》GB/T 50001—2017 确定内框线粗为 1.4mm。

2) 绘制轴线和定位线：根据文理学院的设计要求和实际情况，绘制轴线和定位线。轴线是建筑物的主要结构线，定位线则是用来确定建筑物位置和尺寸的辅助线。这些线条应该用点划线或细实线绘制，以示区分。

3) 绘制基本构件：在绘制轴线和定位线的基础上，根据平面图绘制出建筑物的墙体、门窗、阳台等基本构件。这些基本构件的绘制应该按照比例尺进行，注意它们的定位和尺寸。同时，还需要根据设计要求，标注出各个基本构件的材料和做法等参数。

4) 绘制细节和标注：在绘制完基本构件后，需要进一步绘制细节部分，如楼梯、台阶、卫生间等。然后，在图纸上标注和注释所有必要的信息，包括尺寸、材料、设备型号、施工要求等。

5）检查和深化：完成以上步骤后，应对图纸进行仔细检查，确保没有遗漏或错误。如果需要，可以对图纸进行深化，增加更多的细节和标注。

6）完成图纸：最后，在图纸下方写出图名及比例等必要信息，完成建筑施工平面图的绘制。

7）保存和输出：将绘制好的建筑施工平面图保存到计算机中，并备份以防止数据丢失。如果需要，可以将图纸输出为 PDF、DWG、JPG 等格式，以便与他人共享或打印。

视频3.5
平面图-图
层、轴线、
墙体

### 3.1.4 建筑平面图绘制要点

参照附图 4，或者打开配套素材文件"四层平面图.PDF"，利用所学命令绘制轴线①～⑥与轴线Ⓐ～Ⓕ围合的户型，即如图 3-25 所示的局部四层平面图。观看视频学习绘制平面图。

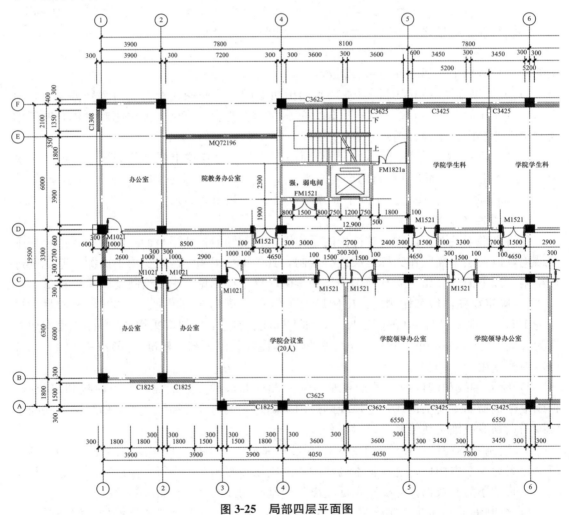

**图 3-25 局部四层平面图**

操作主要步骤如下：

1. 设置图层（LA）：分别设置轴线、墙体、门窗、柱子、标注、文字注释等图层，区分线宽与颜色。

2. 绘制轴线：分别绘制Ⓐ～Ⓕ，①～⑥号轴线，绘制时可绘制比实际长度长的辅助线，便于后期门窗洞口的修剪。

3. 绘制墙体：墙体的绘制分为三步，设置→绘制→修改。

1）设置：格式→多线样式→修改偏移值，勾选起点和端点，确定，置为当前；

2）绘制："ML"→"S：1"→"J：Z"，绘制前修改比例和对正方式；

3）修改：双击多线进行多线的修改与编辑。

4. 绘制柱子："REC"绘制矩形→"H"填充→"B"创建柱子的块。

5. 绘制门窗：门窗的绘制分为三步，修剪门窗洞口与窗绘制、门绘制。

1）修剪门窗洞口时统一偏移"O"出门窗洞口尺寸→"TR"修剪门窗洞口；

2）绘制窗：格式→多线样式→在对应的墙体上新建多线→添加多线、修改偏移值→绘制窗；

视频3.6
平面图—
柱、窗、门

视频3.7
平面图—
标注

3）使用直线"L"、圆"C"、修剪"TR"绘制门窗，然后创建成块"B"，分别对应插入门的位置，或者使用"CO""MI"等命令做出其他的门。

6. 绘制楼梯与电梯：楼梯和电梯的绘制内容在前面章节内容中已详细讲解，这里不再赘述。

7. 尺寸标注：标注时先在标注样式管理器中进行样式的设置再进行标注，步骤分为四步：文字设置→标注样式新建→线性标注→连续标注。

1）"ST"新建两个文字样式，汉字：字体为仿宋，宽度因子"0.7"，非汉字：字体为"Simpex.shx"，宽度因子"0.7"；

2）"D"打开"标注样式管理器"新建标注样式，文字样式选用"非汉字"，箭头大小为 1.2mm，文字高度为 2.5mm，基线间距 10mm，尺寸界线偏移尺寸线 2mm，尺寸界线偏移原点 5mm，使用全局比例为"100"，主单位格式为"小数"，精度为"0"；

3）"DLI"线性标注，标注第一道的第一个尺寸，每一边的每一道尺寸都要使用线性标注先标，后面才能使用连续标注；

4）"DCO"连续标注，逐点标注其他尺寸。

8. 轴号标注：轴号绘制从左下角开始水平方向①②③④，垂直方向Ⓐ Ⓑ Ⓒ Ⓓ，标注时先按照制图规范绘制轴线引线和圆圈，使用带属性的块"ATT"编辑成块，其他轴线使用插入命令对应插入编辑。

9. 文字注释："ST"文字样式中汉字置为当前，使用"MT"多行文字或者"DT"单行文字注写空间名称。

10. 整理出图：绘制完成后按比例插入图框、图名、比例尺、指北针，按照常用 A3 图幅设置打印出图提交 PDF 格式文件。如图 3-22（b）所示。

采分点：

1）图层、文字样式设置正确；

2）轴线及尺寸绘制正确；

3）墙体、柱子及门窗尺寸绘制正确；

4）标高、标注及注释正确及完整；

5）图名、比例、图框完整，打印设置正确，完成出图。

### 3.1.5 施工图绘制拓展训练

完成图 3-26～图 3-29 的绘制。

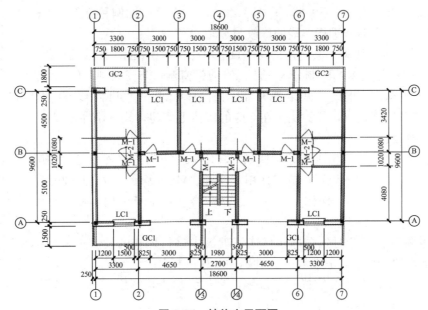

**图 3-26 某住宅平面图**

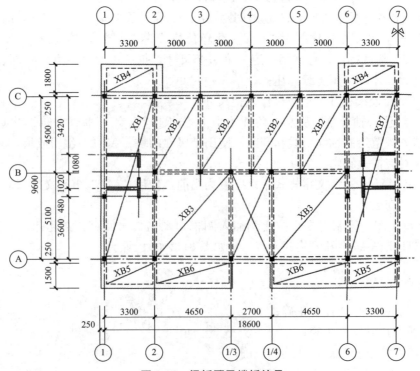

**图 3-27 梁板图及楼板编号**

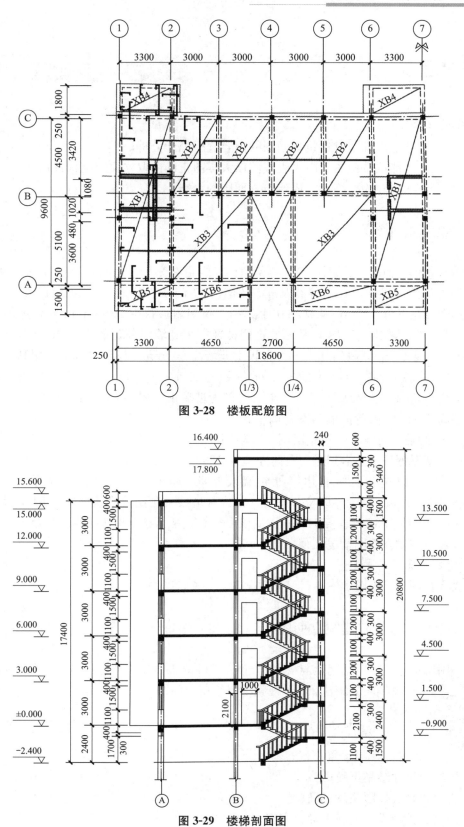

图 3-28 楼板配筋图

图 3-29 楼梯剖面图

## 任务 3.2 绘制建筑立面图

### 技能目标

• 能准确地对建筑立面图的内容进行识读分析；
• 能从平面图、门窗表或门窗大样图正确读取立面图上构件尺寸；
• 能较为熟练地完成建筑立面图的绘制。

### 3.2.1 建筑立面图的识读

1.①～⑫轴立面图（⊗附图 7）：有两道门，一道在⑤～⑥之间，一道在⑧～⑨之间，结合一层平面图可以看出，地坪线从①轴到第一道门扶手位置，长为 24150mm 平行于±0.000 线，在下方 1.5m，从楼梯扶手到第二道门斜坡扶手 22650mm 处，地坪线从距±0.000 线 1.5m 倾斜到 1.4m，从第二道门楼梯扶手到墙线外延的 12000mm 处，地坪线从距±0.000 线 1.4m 倾斜到 0.45m。屋顶女儿墙高 600mm，屋顶楼梯间的层高 2.45m。

2. ⑫～①轴立面图（⊗附图 8）：地坪线与±0.000 平行，±0.000 线在地坪线上 300mm，⑦～⑤轴间为入大厅正门，左右两侧为玻璃窗，屋顶女儿墙高 600mm，屋顶楼梯间的层高 2.45m，楼梯间墙与女儿墙平齐。

3. Ⓐ～Ⓕ轴立面与Ⓕ～Ⓐ立面图（⊗附图 9）：结合一层平面图可以看出，在Ⓐ～Ⓕ立面图中，从左侧扶手边沿到进门台阶左边缘 12000mm 处，地坪线从距±0.000 线 1.2m 倾斜到 0.45m，从进门台阶右边缘处到墙线外延 8100mm 处，地坪线从距±0.000 线 0.45m 倾斜到 0.3m。从Ⓕ～Ⓐ立面图中，从左侧墙线外延到台阶扶手左侧 5405 处，地坪线从距±0.000 线 0.3m 倾斜到 1.5m，从该点往右，平行于±0.000 线。其余与①～⑫轴立面图与⑫～①轴立面图情况相似。

4. 门窗大样图
门窗大样图见⊗附图 12。

### 3.2.2 绘制文理学院建筑立面图

见⊗附图 7，或打开配套素材文件"①～⑫轴立面图.PDF"，利用所学命令绘制如图 3-30 的立面图。观看视频学习绘制立面图。

视频3.8 绘制建筑立面图

采分点：

1. 图层设置正确；
2. 轴线及尺寸绘制正确；
3. 立面轮廓线投影关系正确；
4. 门窗、护栏尺寸绘制正确、完整；

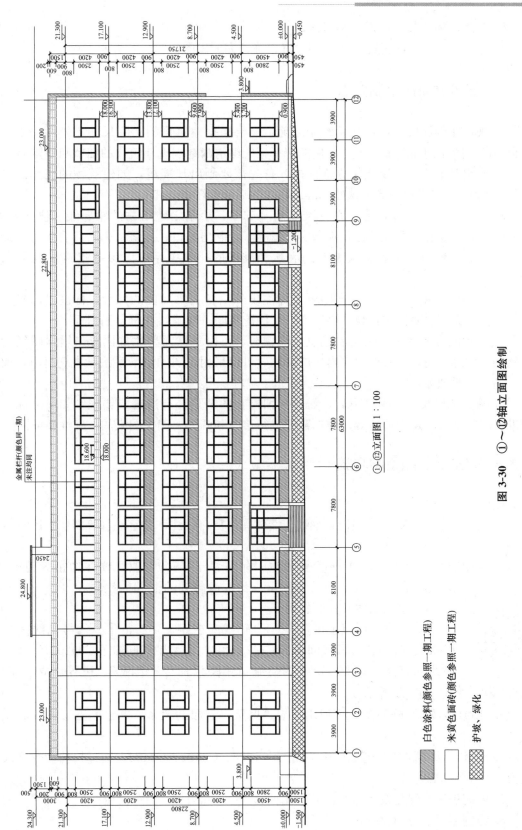

①-⑫立面图 1:100

图 3-30　①~⑫轴立面图绘制

白色涂料(颜色参照一期工程)

米黄色面砖(颜色参照一期工程)

护坡、绿化

5. 标高、标注及注释正确及完整；

6. 图名、比例、图框完整，打印设置正确，完成出图。

### 3.2.3 建筑立面图绘制要点

1. 确定比例和尺寸：在开始绘制之前，需要根据建筑物的实际尺寸和绘图需求，确定合适的绘图比例和图纸大小。比例的选择应能够清晰地展现建筑物的细节和整体形态。

2. 画出基准线：绘制建筑立面图时，首先需要画出基准线，如建筑物的底部线（通常是地坪线）、主要轴线等。这些基准线将作为后续绘图的参考。

3. 绘制轮廓和细部构造：在基准线的基础上，绘制出建筑物的轮廓线，包括外墙、门窗洞口等。接着，根据设计要求和实际情况，绘制出檐口、雨篷、阳台、台阶等细部构造。在绘制过程中，需要注重细节的表达和准确的比例关系，以保持建筑物的形态和特征。

4. 添加标注和文字说明：在图纸上标注出外墙各主要部位的尺寸、标高等信息，并添加必要的文字说明，如材料、做法等。标注应清晰、准确，并符合制图标准。

5. 注意阴影和材质：在绘制建筑立面图时，可以根据需要添加阴影来增强图纸的立体感和层次感。同时，根据建筑材质的特性，可以采用不同的渲染手法来表现材质，如点划、渐变、肌理等。

6. 检查和修改：完成绘图后，需要仔细检查图纸是否有遗漏或错误，如尺寸标注是否准确、文字说明是否清晰等。根据需要进行修改和调整，确保图纸的准确性和可读性。

### 3.2.4 建筑立面图绘制步骤

操作主要步骤如下：

1. 设置图层（LA）：分别设置轴线、墙体、门窗、标注、文字注释等图层，区分线宽与颜色。

2. 绘制轴线：分别绘制①～⑫号轴线，标高"−1.500"地坪线并加粗为粗实线，0m、4.5m、8.7m、12.9m、17.1m、21.3m、24.3m 等处的轴线参考线。

视频3.9
门窗大
样图

3. 绘制墙体及立面轮廓。

4. 绘制 2 层以上的①～④号轴线间窗子 C1825，④～⑤号轴线间窗子 C3625，⑤～⑧号轴线间窗子 C3425，⑧～⑨号轴线间窗子 C3625，⑨～⑫号轴线间窗子 C1825。窗子的绘制运用矩形命令"REC"、边界创立"BO"、"O"偏移、"B"创建块等命令；

5. 通过"ARR"阵列命令阵列出三层、四层、五层的窗子，并绘制五层栏杆和屋顶栏杆。

6. 通过"S"拉伸命令绘制一层的窗子 C1828、C3628、C3428，通过拉伸命令修改一层窗，并绘制 MLC3437。

7. 绘制护坡、绿化及入口台阶：使用偏移"O"和填充"H"命令；

8. 绘制屋顶部分内容。

9. "D"打开"尺寸标注样式"，进行标注样式的设置，并通过"DLI""DCO"对图形进行尺寸标注。

10. 按尺寸绘制定位轴线和标高，并通过"ATT"命令定义属性、"B"创建块、"I"插入块完成定位轴线和标高的绘制。

11. 通过"LE"引线标注墙面材料和栏杆注释，完成图形的绘制。

12. 整理出图：绘制完成后按比例插入图框、图名、比例尺、指北针，按照常用 A3 图幅设置打印出图提交 PDF 格式文件。

## 任务 3.3　绘制建筑剖面图

### 技能目标

- 能准确地对建筑剖面图的内容进行读取和识读；
- 能较为熟练地完成建筑剖面图的绘制。

### 3.3.1　建筑剖面图绘制要点

1. 确定剖切位置：选择具有代表性的剖切位置，如楼梯间、门窗洞口及构造比较复杂的典型部分，以便展示建筑物的内部结构和构造。

2. 绘制轮廓线：使用粗实线绘制被剖切到的墙、梁、板、柱等轮廓线，这些轮廓线应准确反映建筑物的内部结构和构造。对于没有剖切到但可见的部分，可以使用细实线进行绘制。

3. 标注尺寸和标高：剖面图是说明建筑物竖向布置的主要依据，因此需要在图纸上标注出各种尺寸和标高。这些尺寸和标高应包括门窗洞口的高度、层高、休息平台高度、外墙或柱的轴线之间跨度尺寸、建筑物总高等。同时，对于建筑物中一些重要的表面，如地面、楼面、休息平台、阳台、窗台以及顶棚、过梁等处的表面，也应标明其高度。

4. 添加标注和文字说明：在图纸上添加必要的标注和文字说明，如材料、做法等。这些标注和文字说明应清晰、准确，并符合制图标准。

5. 注意比例和线型：剖面图的比例应与平面图、立面图的比例相同，线型的选择应符合制图规范。同时，在绘制过程中，应注意保持图纸的整洁和清晰，避免不必要的线条和污渍。

6. 遵守制图规范：在绘制剖面图时，需要遵守相关的制图规范和标准，如线型、字体、尺寸标注等。这有助于确保图纸的准确性和可读性。

7. 检查和修改：完成绘图后，应仔细检查图纸是否有遗漏或错误，如尺寸标注是否准确、文字说明是否清晰等。根据需要进行修改和调整，确保图纸的准确性和可读性。

### 3.3.2　文理学院剖面图识读

剖面图反映建筑物内部的结构，文理学院的剖面图包括：1-1 剖面、2-2 剖面、3-3 剖面；a-a 剖面、b-b 剖面、c-c 剖面。详见：1-1 剖面图（附图 10）；2-2、3-3 剖面图（附图 11）；楼梯剖面图（图 3-31）。

### 3.3.3　文理学院剖面图的绘制

视频3.10
绘制建筑
剖面图

以 2-2 剖面为例。

1. 启动 AutoCAD 并打开需要绘制剖面图的工程文件。

2. 设置图层"LA"：在 CAD 中，良好的图层设置是提高绘图效率的关键。你可以创建一个专门用于剖面图的图层，以便更好地管理图元。可设置轴线、地坪、梁板、墙体、门窗、标注与注释等图层样式，设置线宽与线性。

3. 绘制轴线"−1.200""±0.000""4.500""8.700""12.900""17.100""21.300""23.000""24.800"与Ⓑ、Ⓒ、Ⓓ、Ⓕ轴线位置，并根据平面图确定隔墙位置及楼梯间平台的位置宽度。

4. 运用"PL"或"L"绘制建筑剖面图的轮廓线及剖面形状。

5. 绘制地坪线位置、护坡绿化及坡道入口。

6. 使用"ML"多线命令绘制墙体及剖到的门窗洞口。

7. 运用"PL"命令"W"给定宽度，绘制建筑楼板，并通过"REC"矩形命令、"H"填充命令、"B"创建块命令绘制梁。

8. 绘制两个梯段及平台，通过"ARR"阵列命令绘制梯段台阶及栏杆，此处需注意采用拾取的方式捕捉距离及角度，不需计算；其他向上楼层的均可使用阵列命令向上得出。

9. 进行门、洞口、护栏、雨篷、屋顶细节等构件的绘制。

10. 标注和注释：为了使剖面图更具信息性，需要添加文字标注和注释。这些标注可以包括关键尺寸、材料类型或其他重要信息。先进行"D"标注样式管理器的设置，"DLI"线性标注，"DCO"连续标注，通过"ATT"和"B"进行标高和轴号的标注，引线标注材料和注释。

11. 检查并修正：在完成剖面图的绘制后，仔细检查图纸，确保所有的元素和细节都已正确绘制，并且标注清晰准确。如果发现错误或遗漏，及时修正。

12. 整理出图：绘制完成后按比例插入图框、图名、比例尺、指北针，按照常用 A3 图幅设置打印出图提交 PDF 格式文件。

采分点：

1）图层设置正确；

2）轴线及尺寸绘制正确；

3）剖切到的墙体、梯段、梯梁绘制正确；

4）可见梯段绘制正确；

5）标高、标注及注释正确及完整；

6）图名、比例、图框完整，打印设置正确，完成出图。

## 任务 3.4　学习支持服务

### 技能目标

- 教师：会用 BIMTREE 学习平台开展教学支持服务；
- 学生：会用 BIMTREE 支持自己的学习，提高学习效率；
- 学生：会用分配的"云电脑"，进行建筑 CAD 的实际演练。

随着信息技术的发展，使用融媒体、云计算、人工智能等技术对职业教育进行学习支持服务，很大程度解决了教学资源、师资力量分布不均匀和教学质量参差不齐的问题。本教材的编写团队在教材编写和教学中得到了相关企业的技术支持，形成"学习在BIMTREE，实践在工一云"的学习支持服务模式，提高了学习效率，拓展了学习的时间和空间范围，以下介绍这种协同的学习支持服务模式。

### 3.4.1　学习在 BIMTREE

"建构主义"认为，人类的学习是基于自己已经掌握的知识和技能在与环境互动的过程中逐步建构"Thinking"的过程。这一定义把对"学习"的理解从"搭建"升级到"建构""建构"着重体现了知识元素之间和学习主体"Thinking"的有机关系，很大程度上符合学习的自然规律。

视频3.11
学习在
BIMTREE

本教材的编写团队建设基于"建构主义"理念开发 Moodle 开源 LMS（Learning Management System）平台。平台的两个特点适合开展职业教育，一是"建构主义"思维，二是开源平台。"建构主义"的课程内容组织模式相对于给学习者建立学习的"脚手架"，学习过程由学习者自我"建构"技能；开源平台的所有程序都是公开的，一方面不存在任何"后门"和漏洞被别有用心者钻空子，符合目前国家的安全和保密要求，另一方面，可以由全世界的技术天才为系统添加新的功能，弥补存在的不足，目前平台使用的4.3 版本添加了更多功能，使用更为方便。

在 AutoCAD 的学习中，课后的实习操作练习比课堂上听老师的讲解更为重要，本教材已经在平台上建设了初始课程，为学习者在练习过程中提供图文、视频和 H5p 等更多的学习支持服务。课程页面如图 3-32（a）所示，左边为章节索引，中间为内容，右边为小节索引，左右都可以点击"×"缩进。教师用户将显现右上角的"编辑模式"开关，教师可以在与浏览模式相同的内容处对教学内容进行添加或者修改。教学内容可以用图 3-32（b）所示的任意一种工具添加，还有更多的工具可以采用"插件"的形式加入编辑的工具列表中。

图 3-32　学习平台

（a）课程学习页面；（b）内容剪辑工具模块

编辑工具中的 H5p 插件，是另外添加的开源插件，能够提供几十种交互学习工具，以下介绍其中三种：

• 交互视频，如图 3-33（a）所示：学习观看视频过程中，随着知识点将出现按钮，点击后可以回答与视频相关的问题，或者补充知识等。

• 分支场景，如图 3-33（b）所示：把一个项目的过程按照分支结构进行介绍，点击图中的任一个词条，系统会按照预设的分支内容向学习者提供支持服务。

图 3-33　H5p 交互

（a）交互视频；（b）分支场景

• 热点图片，如图 3-34（a）所示：图片中的部分内容，是学习中的主要内容，点击相应的按钮，系统将显示相应的"热点"内容。

在学习的过程中，学习成果的评价是一个重要环节，传统的评价方式相对单一，平台提供了作业相互批改的功能，如图 3-34（b）所示，由教师给出主要的采分点和评分标准，系统为学习者分配器其他学习者的作业进行批改，让学习者在评价同时要给出评分依据，通过批改同学的作业对自己的学习进行"反思"，从而提升学习者的学习效率。

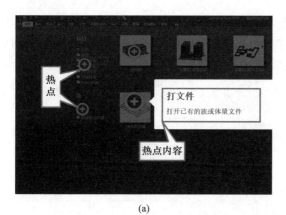

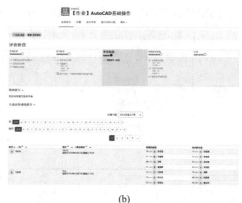

图 3-34　热点内容、作业互评

（a）热点内容；（b）作业互评

以下为图 3-34 设置的"评价表单"内容：

1. 新建一个文件，20 分：文件名正确，10 分；保存为 2007 之前版本，10 分。

2. 直线、标注、等分，30 分：绘制"100"长的直线，并标注，10 分；把"100"的直线定数 5 等分，10 分；把"100"的直线定距等分"30"，10 分。

3. 多段线、捕捉，10 分：用"多段线"绘制箭头，5 分；用直线和捕捉绘制四边形，5 分。

4. 多边形、弧线，10 分：用多边形和直线绘制五角星，5 分；用直线、矩形和弧线命令完成图形，5 分。

5. 偏移、图层，10 分：用偏移命令完成的轴网绘制（轴线之间的距离可以自定），5 分；完成图层设置（图层可以自行起名），5 分。

6. 完成任务之一，20 分：独立基础立面图、指北针、窗户立面图、绘制门的平面图。

对于教师，在组织教学时学习平台也将成为顺手的教学工具，教师可以在初始课程的基础上按照自己的教学设计添加更多学习资料和课件，也可以在下一学年的教学中"继承"和"优化"课程，通过几年的教学和优化，教师将能够编写自己的教材。

## 3.4.2　实践在工一云

在土木工程 CAD 教学中，学生的操作练习是重要的环节，在教学中，很多学校存在以下一些问题：

1. 软件在不断更新换代，很多学校的机房设备跟不上更新速度。

2. 同一台设备安装太多软件，导致性能不足。

3. 由于学生使用习惯不好、病毒感染、设备故障等因素，导致很多计算机不能正常工作。

视频3.12
实践在
工一云

4. 学生上机时间不足，自带的笔记本电脑存在软件安装、病毒感染、效率降低等问题。

解决这些问题可以采用"云电脑"方案，"云电脑"通过开放式云终端将桌面、应用、硬件等资源以按需服务、弹性分配的服务模式提供给用户，如图 3-35 所示是云电脑拓扑结构。具体来说，"云电脑"没有传统的 CPU、内存和硬盘等硬件，这些硬件资源全部汇集在云端的数据中心里。用户只需一个小巧的终端设备（低配电脑、手机、平板、智能电视等），在任何有网络的地方接入网络，连接键盘、鼠标和显示器，就可以访问个人的桌面、数据和各种应用，使用体验与使用普通个人电脑无异。

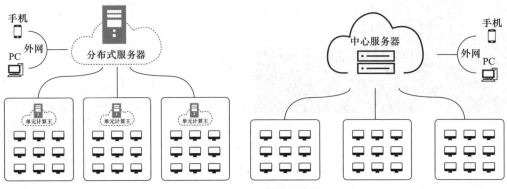

图 3-35　云电脑拓扑结构

　　"云电脑"相较于传统电脑，在使用、维护和管理上具备许多优点。例如，系统升级、漏洞修补都在云端集中进行，无需个人操作；云终端上病毒无附着物，服务器端则采用多种安全机制，比传统电脑更安全；个人数据存储在云端，有多种机制进行备份，数据不会丢失；同时，"云电脑"的所有应用、数据以及各种接口都可统一管理和控制，从而保证企业数据不会流失。此外，在工程项目和实际应用中可以把图像处理、大数据计算、AI计算交给"云电脑"，由"云端"来调配资源即可。

　　在"云电脑"的使用中，每位用户都可获得一台在云端的电脑，把大量的数据进行"集中化"处理后，使得客户端的使用"移动化""轻量化""协同化"。在土木工程CAD的工程和教学中，工一云电脑把需要的应用软件部署在一台"云电脑"上，然后"克隆"出所需的云端电脑，客户端用浏览器或者客户端软件登录，即可进入到所需配置的"云电脑"界面，如图 3-36（a）所示，简单地操作即可形成了一个云端机房，可以进行统一资源配置和管理，如图 3-36（b）所示，一个项目团队或者教学班级的所有成员即可共享云端资源。

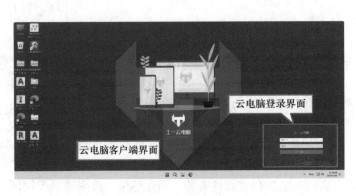
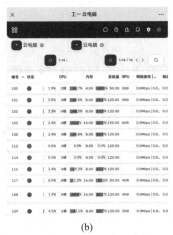

（a）　　　　　　　　　　　　　　（b）

图 3-36　云电脑

（a）电脑桌面、登录界面；（b）电脑配置和管理界面

## 任务 3.5　建筑工程识图 "1+X" 证书

### 技能目标

- 了解建筑工程识图 "1+X" 证书；
- 掌握中望 CAD，绘制建筑施工图。

### 3.5.1　建筑工程识图 "1+X" 证书介绍

建筑工程识图 "1+X" 证书（"1+X" 建筑工程识图职业技能等级证书），是一项针对建筑施工企业、监理企业、设计单位及其他相关企事业单位的职业技能等级考试。该考试分为初级、中级和高级三个级别，涵盖了建筑工程识图的不同专业领域，如建筑设计、土建施工（结构）、建筑水暖和建筑电气等。

初级考试要求考生掌握建筑投影规则、建筑制图标准，并能应用 CAD 绘图软件。考生需要以一套小型建筑工程图样为载体，完成建筑专业图的识图和绘图任务，同时通过对国家技术规范标准的认识与领会，养成基本的职业素养。

中级考试则针对一套中型工程施工图（不含人防设计），要求考生完成专业的识图及绘图任务，并通过对国家技术规范标准的认识与应用，养成必备的职业素养。

高级考试则更加复杂，要求考生以一套大型工程施工图（含人防设计）为载体，结合相关专业图，完成专业的识图及绘图任务。此外，考生还需要通过对国家技术规范标准的认识与应用及专业间协同，养成扎实的职业素养。

要求中等职业院校学生获得初级证书，高等职业院校学生获得中级证书，考核中使用中望 CAD 软件。

AutoCAD 在全球范围内有着广泛的用户基础和丰富的插件生态，功能强大，可以满足各种复杂的设计需求。中望 CAD 针对中国市场的特点，中望 CAD 在一些方面进行了优化和定制，在建筑设计方面提供了一些特定的工具和功能，可以这样说，会用 AutoCAD 一定会用中望 CAD，而且中望 CAD 更为方便。针对中望 CAD 本教材仅介绍一些特殊功能供学生了解，如：

1. 智剪轴网：在建筑设计过程中，工程师经常需要处理复杂的轴网布局。很多时候，并非所有的轴网部分都需要绘制墙体，多余的轴网会使图纸显得杂乱无章，不利于进一步地绘图工作。中望 CAD 建筑版中的智剪轴网功能，允许用户在绘制好轴网和墙体的图纸上框选整个图纸，多余的轴网会自动被减掉，而墙体上的轴网则会保留下来。这个功能通过一个简单的框选动作就能实现，极大地提高了图纸的整洁度和绘图效率。

2. 门窗整理：门窗是建筑设计中不可或缺的元素，门窗整理功能是中望 CAD 建筑版中一个非常实用的工具。在这个功能的对话框中，系统会将图纸中全部的门窗进行分类，并展示使用的门窗种类以及每个种类的数量。如果有需要，用户还可以对一类门窗进行修改，或者对单独的每个门窗进行修改。这个功能使得工程师能够更高效地管理和修改门窗样式及尺寸。

3. 门窗收藏：这个功能允许工程师将常用的门窗规格汇总成一个类别，以便在绘制其他图纸时快速调出使用。这对于经常绘制同类图纸的工程师来说，可以节省大量筛选门窗种类的时间。

4. 在位编辑：这个功能使得对文字或表格的修改变得非常快速和方便。用户只需选择需要修改的文字或表格对象，直接在位进行编辑，无需进入 CAD 的文字编辑器，大大提高了操作效率。

5. 图纸集管理：图纸集功能允许用户通过图纸集面板管理、查看、打开图纸，也可以快速进行图纸归档和打印出图。这个功能在提升工作效率的同时，降低了图纸管理成本。

6. 文件比较：文件比较功能可以将两张图纸的不同点即刻标出，方便用户快速识别并修改差异。

7. 快捷撤销：撤销步骤可以提前预览，使得用户在撤销操作时可以更加精准地控制撤销的步数。

8. 辅助工具：中望 CAD 建筑版还提供了一系列辅助工具，如视口工具、对象工具等。视口工具允许用户通过鼠标拖拽的方式建立和取消多个视口，以便更清晰地观察图纸的不同部分。对象工具则可以测定对象集的外边界，给出选择的对象集在 WCS 三个方向的最大边界 X、Y 和 Z 值，并在平面图中显示一个外边界虚框。

9. 中望 CAD 建筑版还包括自定义对象绘制剖面图、封闭阳台、户型统计、轴号编辑、树木布置等功能，这些都是为了帮助用户更高效地进行绘图工作。此外，中望 CAD 还推出了水暖电模块，与中望 CAD 建筑版和结构版结合，实现了图纸的全面兼容，为工程建设行业提供了一个更高效的解决方案。

### 3.5.2 绘制要求、评分标准及绘制样例

视频3.13
设置图层、文字样式、标注样式

任务一：建筑平面图绘制

1. 图层设置要求：

图层设置要求见表 3-1。

图层设置要求 表 3-1

| 图层名称 | 颜色 | 线型 | 线宽（$b$） |
|---|---|---|---|
| 轴线 | 1 | DASHDOT | 0.15 |
| 墙体楼板 | 2 | 连续 | 0.5 |
| 门窗 | 4 | 连续 | 0.2 |
| 其余投影线 | 5 | 连续 | 0.13 |
| 填充 | 8 | 连续 | 0.05 |
| 尺寸标注 | 3 | 连续 | 0.09 |
| 文字 | 7 | 连续 | 默认 |
| 楼梯 | 2 | 连续 | 0.2 |
| 图框 | 6 | 连续 | 0.35 |
| 其他 | 6 | 连续 | 0.15 |

2. 文字样式设置如下:

1) 汉字:样式名为"汉字",字体名为"仿宋",宽高比为"0.7"。

2) 非汉字:样式名为"非汉字",字体名为"Simplex",宽高比为"0.7"。

3. 尺寸样式设置

尺寸标注样式管理器设置如下:

尺寸标注样式名为"标注100"。文字样式选用"非汉字",箭头大小为1.2mm,文字高度为2.5mm,基线间距10mm,尺寸界线偏移尺寸线2mm,尺寸界线偏移原点5mm,使用全局比例为"100"。主单位格式为"小数",精度为"0"。

4. 依据三～四层平面图,抄绘三层局部平面图,并根据变更要求绘制完成。绘图比例1:1,出图比例1:100。绘制要求如下(其余未明确部分按现行制图标准绘制):

(1) 绘制四层平面图中右侧户型(即⑨轴、Ⓕ轴、⑪轴、Ⓒ轴围合的户型图);

(2) 材料图例、家具、洁具、封闭阳台无需绘制;

(3) 将衣帽间删除,在主卧室的⑫轴将"TLM-1"删除并改为墙,将主卧室的卫生间改为衣帽间,删除"M2",并居中放置"TLM-1";

(4) 所有门均采用单线绘制,门定位居墙中绘制,飘窗只需用单线绘制即可;

(5) 要求绘制出相应的轴线及轴线编号、墙体、门窗、尺寸标注、图名、比例、房间名称、注释、标高、门窗编号等。

5. 文件保存要求:

将文件命名为"任务一"保存至电脑,并将此文件通过考试平台中的"绘图任务文件上传"功能,点击任务一对应的"选择文件"按钮进行选择上传,确认无误后点击"确定上传"完成本任务所有操作。

 评分标准(表 3-2):

评 分 标 准　　　　　　　　　　　　　　　　　表 3-2

| 采分点 | 评分标准 | 分值 |
| --- | --- | --- |
| 设置尺寸标注样式 | 标注样式名、箭头采用建筑标记、箭头大小、基线间距、尺寸界限偏移原点 5mm、偏移尺寸线 2mm、文字样式为非汉字、字高 3mm、文字位置垂直上方、水平置中、使用全局比例"100"、精度"0"(错误一项扣 0.25 分,扣完为止) | 1.00 |
| 设置文字样式 | 样式名、字体名称、大字体、宽度因子设置正确(漏项扣 0.25 分) | 1.00 |
| 设置图层 | 图层名称、颜色、线型、线宽(每项 0.25 分) | 1.00 |
| 墙体、柱子、门窗 | 错误一根线扣 0.5 分,扣完即止 | 2.00 |
| 变更后的房间 | 错误不得分 | 2.00 |
| 标高符号、尺寸标注、文字标注正确 | 每项 0.5 分 | 1.50 |
| 轴号绘制正确 | 错误一项扣 0.5 分,扣完为止 | 1.50 |
| 图名及比例 | 错误不得分 | 1.00 |

建筑平面图绘制参考,如图 3-37 所示。

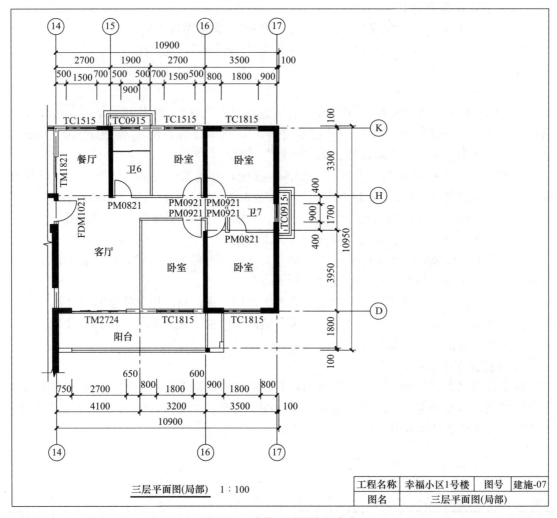

三层平面图(局部)　　1：100

| 工程名称 | 幸福小区1号楼 | 图号 | 建施-07 |
|---|---|---|---|
| 图名 | 三层平面图(局部) | | |

**图 3-37　建筑平面图绘制参考**

任务二：建筑立面图绘制

1. 绘制Ⓖ～Ⓐ轴立面图局部。绘图比例1：1，出图比例1：100。要求如下（其余未明确部分按现行制图标准绘图）：

1）水平方向绘制范围为Ⓖ～Ⓐ轴，竖向方向绘制范围为－0.300～11.000m。

2）应根据平面图、立面图、剖面图，画出正确的立面图。

3）门窗样式按门窗大样图绘制。

4）需画出轴线、墙体、轮廓、地坪、门窗、尺寸、图名、比例、标高、标注等，百叶窗画出示意即可。

5）将立面图中一层外墙洞口位置居中放置"MLC-1"。

2. 文件保存要求：将文件命名为"任务二"保存至电脑，并将此文件通过考试平台中的"绘图任务文件上传"功能，点击任务二对应的"选择文件"按钮进行选择上传，确认无误后点击"确定上传"完成本题所有操作。

 评分标准（表 3-3）：

评 分 标 准　　　　　　　　　　　　　　　　　　　　表 3-3

| 采分点 | 评分标准 | 分值 |
|---|---|---|
| 设置图层 | 图层名称、颜色、线型、线宽（每项 0.25 分） | 1.00 |
| 立面轮廓线投影关系、线条材质正确 | 错误一根线扣 0.5 分，扣完为止 | 2.00 |
| 窗位置、数量正确 | 错误不得分 | 2.00 |
| 空调栏板位置/数量正确 | 错误不得分 | 1.00 |
| 标高符号、尺寸及轴号绘制正确 | 错误一项扣 0.5 分，扣完为止 | 1.00 |
| 图框、图名及比例 | 错误不得分 | 1.00 |

建筑立面图绘制参考，如图 3-38 所示。

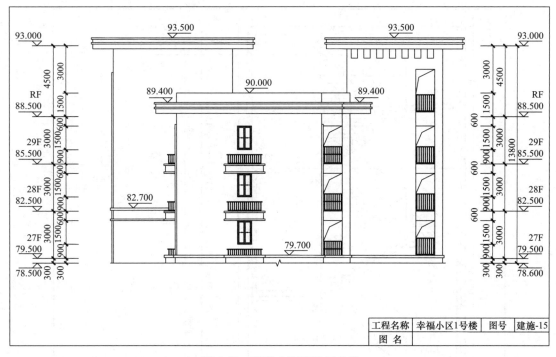

图 3-38　建筑立面图绘制参考

任务三：建筑详图绘制

1. 依据 1 号楼梯 1-1 剖面图和 1 号楼梯各层平面图，绘制 1 号楼梯二层平面图。绘图比例 1∶1，出图比例 1∶50。要求如下（其余未明确部分按现行制图标准绘制）：

1）需画出轴线、墙体、门窗、梯段、平台、门的开启方向以及各剖切看线、尺寸、图名、比例、图例等。

2）需标注尺寸和标高，以及楼梯上下行方向等。

2. 文件保存要求：将文件命名为"任务三"保存至电脑，并将此文件通过平台中的"绘图任务文件上传"功能，点击任务三对应的"选择文件"按钮进行选择上传，确认无误后点击"确定上传"完成本题所有操作。

评分标准（表3-4）

| 采分点 | 评分标准 | 分值 |
|---|---|---|
| 图层设置正确 | 错误不得分 | 0.50 |
| 文字设置正确 | 错误不得分 | 0.25 |
| 标注设置正确 | 错误不得分 | 0.25 |
| 剖切到的墙体绘制正确 | 错误一项扣0.5分，扣完为止 | 3.00 |
| 剖切到的梯段、梯梁绘制正确 | 错误一项扣0.5分，扣完为止 | 3.00 |
| 可见梯段绘制正确 | 错误一项扣0.5分，扣完为止 | 2.00 |
| 标高符号、尺寸及轴号绘制正确 | 错误一项扣0.5分，扣完为止 | 1.00 |
| 图框、图名及比例 | 错误不得分 | 1.00 |

评分标准　　　　　　　　　　　　　　　　　表 3-4

建筑详图绘制参考，如图 3-39 所示。

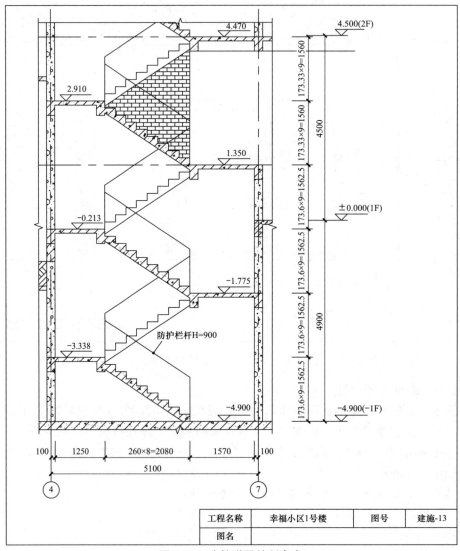

图 3-39　建筑详图绘制参考

### 3.5.3 中望 CAD 平面图的绘制

以如图 3-40 所示的某办公楼二、三层平面图为例讲解中望 CAD 的绘制步骤。

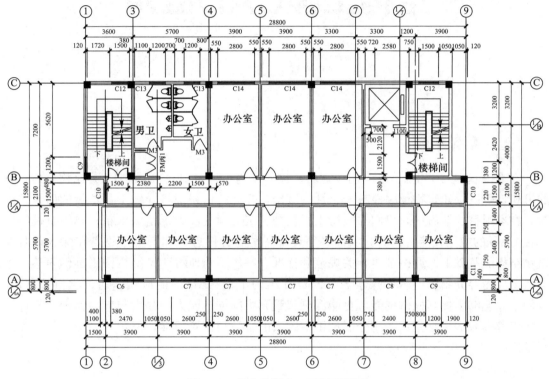

**图 3-40 某办公楼二、三层平面图**

1. 轴网柱子：先绘制主轴线，通过输入下开尺寸分别为："1500""2100""5700""3900""3900""3900""3900""3900"，左进尺寸分别为："7800""7200"。

2. 绘制附加轴线："①""⑦""⑧""⑨"，可使用添加轴线和轴网标注，也可偏移轴线直接进行轴号标注。

3. 轴网标注：从左至右、从下至上对轴网和总尺寸进行尺寸标注。

4. 绘制墙体：墙梁板命令中选择墙体的绘制。

5. 绘制柱子：选择标准柱完成柱子的绘制。

6. 绘制门窗：选择门窗进行门窗的插入，需注意选择对应的尺寸和轴线定距插入门窗。

7. 标注细部尺寸：逐点标注，标注门窗细部尺寸。

8. 文字注释、引线。

# 项目四

## 结构工程CAD应用

**Chapter 04**

 **素质目标**

在掌握基本的土建 CAD 应用技能后，进入结构工程 CAD 应用的学习，结构是建筑物的灵魂，是确保建筑物稳固性与安全性的基础，任何的错误都将导致不可估量的后果。因此，在本项目的学习中，我们需秉持工匠精神，沉心静气，力求精益求精，熟练掌握结构工程 CAD 的应用技能。同时，我们必须具备高度的责任意识和安全意识，在深入理解建筑物结构的基础上，严格按照相关规范和标准，一丝不苟地将建筑结构图纸准确表达。本项目主要内容介绍国产软件探索者 TSSD 在结构工程 CAD 中的应用，通过学习该软件，我们不仅能够掌握其操作技能，更能深刻感受到中国创造能力的强大与魅力。国产软件在土木工程领域的广泛应用，充分展现了中国人的智慧与创新精神，值得我们深入学习和广泛推广。

**技能目标**

- 了解结构施工图构建；
- 了解结构工程 CAD 探索者 TSSD 软件，认识探索者 TSSD 2024 界面；
- 通过案例，掌握绘制柱图与基础平面图的使用操作，掌握锥形基础计算；
- 通过案例，掌握绘制梁平法施工图和结构平面图基本操作；
- 通过案例，掌握绘制楼梯平面及楼梯计算基本操作；
- 通过案例，掌握探索者 TSSD 智能成图基本步骤。

## 任务 4.1　结构施工图构建

### 4.1.1　结构施工图构建

房屋建筑施工图除了图示表达建筑物的造型设计内容外，还要对建筑物各部位的承重构件（如基础、柱、梁、板等）进行结构图示表达，结构施工图是说明一栋房屋的骨架构造的类型、尺寸、使用材料要求和构件的详细构造的图纸，是房屋施工的依据。

结构施工图涉及承重构件的布置，材料使用，形状、大小及内部构造等工程图样，为承重构件及其他受力构件施工提供指导。在建筑施工过程中，结构施工图根据建筑设计图纸及规范要求绘制，包含建筑物的结构形式、构件尺寸、材料种类、连接方式等信息。这种依据结构设计成果绘制的施工图样，即为结构施工图，业内常简称为"结施"。

## 4.1.2　结构施工图的作用

结构施工图是详细描绘房屋结构构件总体布局以及各承重构件尺寸、材质、构造及其相互关系的专业图样。此外，还需体现其他专业（如建筑、给水排水、暖通、电气等）对结构的具体需求，主要用于施工放线、基槽开挖、模板搭建、钢筋选用与绑扎、预埋件设置、混凝土浇筑以及梁、板、柱等构件的安装，同时作为编制预算和施工组织计划等的依据。

## 4.1.3　结构施工图的内容及绘制要点

结构施工图其内容主要包括：结构设计说明，基础结构平面图、柱平法施工图，结构平面布置图，梁平法施工图以及基础、梁、板、柱、楼梯等的构件详图。

为方便进行整套设计图纸查阅归档，编写图纸目录，从图纸目录中，可以查找图纸名称、尺寸、设计单位及人员信息。本项目以文理学院楼结构综合实例来演示，如图 4-1 所示。以下上部结构图纸以三层结构图"8.700"标高来绘制。

视频4.1 文理学院楼结构施工图内容介绍

**1. 结构设计说明**

以文字叙述为主，主要说明结构设计的依据、结构形式、构件材料及要求、构造做法、施工要求等内容。实际应用⊗如图 4-17（b）所示的多行文本来实现。

**2. 基础结构平面图**

基础平面图是一种剖视图，是假想用一个水平剖切面，沿室内地面与基础之间将建筑物剖切开，再将建筑物上部和基础四周的土移开后所作的水平投影，称为基础平面图。基础平面图主要内容包括：基础的平面布置，定位轴线位置，基础的形状和尺寸，基础梁的位置和代号，基础详图的剖切位置和编号，与基础详图一起构成基础施工图。基础平面图的定位轴线应与建筑施工图一致，⊗如图 4-12（b）和⊗附图 13 所示。

**3. 柱平法施工图**

柱的平面整体表示法是在柱的平面布置图上，通过两种主要方式——列表注写方式与截面注写方式，进行详尽表达，工程中两种方式任选一种即可。截面注写方式是在柱平面布置图的柱截面上，选取同一编号的柱中的一个截面，进行原位适当放大，绘制出柱的截面配筋图。在配筋图上，我们引出标注，明确标出柱编号、截面尺寸、角筋或全部纵筋、箍筋以及柱截面与轴线等关键几何参数，⊗如图 4-8（b）所示。而列表注写方式中，我们首先在柱的平面图上，对形状相同的柱进行统一编号。随后，选择一个或多个代表性截面，标注其几何参数代号。在柱表中，详细注写柱号、柱段起止标高、几何尺寸（包括柱

| 设计编号 | 2011-A-19 | 工程名称 | | 呈贡校区扩建工程 | | 单项名称 | | (二期)文理学院 |
|---|---|---|---|---|---|---|---|---|
| 专业 | 结构 | 设计阶段 | 施工图 | 结构类型 | 框架结构 | 完成日期 | | 2012年5月 |
| 序号 | 图别 | 图号 | | 图纸内容 | | | 图幅 | 备注 |
| 1 | 结施 | 1 | 图纸目录 | | | | A4 | |
| 2 | 结施 | 2 | 结构设计说明 基础设计说明 | | | | A1 | |
| 3 | 结施 | 3 | 结构构造措施补充说明 膨胀加强带施工说明 | | | | A1 | |
| 4 | 结施 | 4 | 基础平面布置图 | | | | A1 | |
| 5 | 结施 | 5 | 地梁平法施工图 −1.000~4.500 柱平法施工图 | | | | A1 | |
| 6 | 结施 | 6 | 4.500~8.700 柱平法施工图 柱表 | | | | A1 | |
| 7 | 结施 | 7 | 8.700~24.300 柱平法施工图 | | | | A1 | |
| 8 | 结施 | 8 | 4.500 层梁平法施工图 | | | | A1 | |
| 9 | 结施 | 9 | 8.700 层梁平法施工图 | | | | A1 | |
| 10 | 结施 | 10 | 12.900 层梁平法施工图 | | | | A1 | |
| 11 | 结施 | 11 | 17.100 层梁平法施工图 | | | | A1 | |
| 12 | 结施 | 12 | 21.300(24.300) 层梁平法施工图 | | | | A1 | |
| 13 | 结施 | 13 | 4.500 层结构平面图 | | | | A1 | |
| 14 | 结施 | 14 | 8.700 层结构平面图 | | | | A1 | |
| 15 | 结施 | 15 | 12.900 层结构平面图 | | | | A1 | |
| 16 | 结施 | 16 | 17.100 层结构平面图 水池大样 | | | | A1 | |
| 17 | 结施 | 17 | 21.300~24.300 层结构平面图 | | | | A1 | |
| 18 | 结施 | 18 | 建施大样配筋图 | | | | A1 | |
| 19 | 结施 | 19 | 1号楼梯配筋图 | | | | A1 | |
| 20 | 结施 | 20 | 2号楼梯配筋图 | | | | A1 | |
| | | | | | | | | |
| | | | | | | | | |
| | | | | | | | | |
| | | | | | | | | |
| | | | | | | | | |
| | | | | | | | | |
| 项目负责人 | | | | 专业负责人 | | | 归档接收人 | |
| 审定 | | | | 制表人 | | | 归档日期 | |

图 4-1　图纸目录

截面与轴线的偏心情况）以及配筋的具体数值，同时，辅以各类柱截面形状及其配筋类型图，以便更直观地理解。此外，柱端箍筋加密区与柱身非加密区的间距，我们采用"/"符号进行分隔，以确保信息的清晰明了，☉见表 4-1 和☉附图 14。

**4. 结构平面图**

结构平面图详细描绘构件的外表形状、大小及预埋件的位置等，是支模板的依据。楼层结构平面图是一个水平剖视图，是假想用一个水平面紧贴楼面剖切形成的。图中被剖切到的墙体和柱轮廓线用中实线表示；被遮挡住的墙体和柱轮廓线用中粗虚线表示；楼板轮廓线用细实线表示；梁用细虚线表示，☉如图 4-16（c）和☉附图 15 所示。

**5. 梁平法施工图**

梁平面布置图上采用在相同编号的梁中各选一根梁，在其上注写截面尺寸和配筋具体数值的方式来表达梁的构造。平面注写包括集中标注和原位标注，集中标注表达梁的通用数值，原位标注表达梁的特殊数值。当集中标注中的某项数值不适用于梁的某部位时，则将该项数值原位标注。施工时，原位标注取值优先，☉如图 4-15 和☉附图 16 所示。

**6. 楼梯及大样施工图**

楼梯间的平面尺寸、楼层结构标高、层间结构标高、楼梯的上下方向、梯板的平面几何尺寸、梯板类型及编号、平台板配筋、梯梁及梯柱配筋等。大样图根据建筑需求绘制骨架，☉如图 4-19（c）和☉图 4-21（b）所示。

## 任务 4.2　结构工程 CAD 软件：探索者 TSSD

### 4.2.1　探索者 TSSD 软件介绍

**1. 软件简介**

TSSD 系列软件是北京探索者软件股份有限公司（以下简称探索者公司）从 1999 年开始研发并拥有自主知识产权的结构类设计软件，探索者 TSSD 系列结构设计软件是基于 CAD 平台二次开发的大型工具型软件。自探索者 TSSD 2001 年 V1.0 推出以来，其方便快捷的绘图功能赢得了广大结构工程师的喜爱，同时也使这种交互式结构绘图工具集的概念深入人心。探索者 TSSD 定位为结构工程师的专业设计软件，并持续升级，支持 Auto-CAD2010～AutoCAD2024 平台。

**2. 软件下载及使用说明**

通过探索者公司官网可以获得 TSSD 系列软件产品的最新信息，包括软件升级和补充内容，下载试用软件、使用说明，观看视频教程、直播课程等。

### 4.2.2　结构工程 CAD 探索者 TSSD 绘图软件

**1. 探索者 TSSD 2024 界面**

探索者 TSSD2024 版是 TSSD 结构软件的新版本，适用住房和城乡建设部最新颁布的

结构设计、制图相关规范。软件安装成功后，双击桌面探索者 TSSD 图标，即可进入如图 4-2 所示的软件操作界面，使用探索者 TSSD 提供的各项功能来绘制、编辑结构图。

**图 4-2　TSSD 2024 版软件操作界面**

**2. 探索者 TSSD2024 绘图菜单**

探索者 TSSD2024 绘图菜单分为下拉菜单和屏幕菜单两种，下拉菜单分为"TS 图形接口""平面""构件""计算 1""计算 2"和"工具"，如图 4-3 所示。

**图 4-3　下拉菜单**

下拉菜单和屏幕菜单，这两种菜单中的程序功能是一样的，用户可根据自己的习惯选用。下面以绘制轴网标注来了解两种菜单的使用，操作步骤：①布置轴网→②矩形轴网→

③输入矩形轴网参数单击"确定"→④绘图区指定轴网定位点，单击形成轴网。屏幕菜单操作步骤如图 4-4 所示，下拉菜单操作步骤如图 4-5 所示。

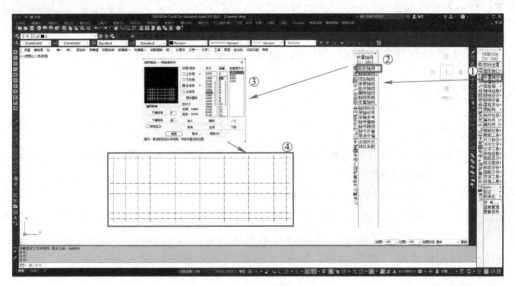

**图 4-4　屏幕菜单操作步骤**

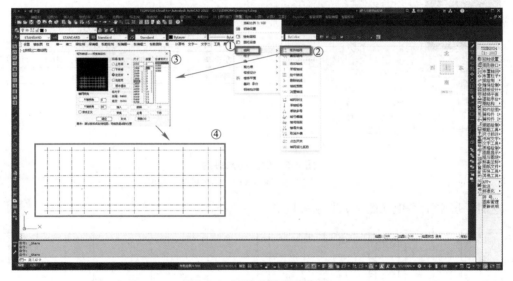

**图 4-5　下拉菜单操作步骤**

**3. 探索者 TSSD2024 智能成图**

软件可读取工程中 PKPM、盈建科（YJK）最新版计算数据，自动生成程序自动生成施工图详图，包括板配筋图、梁平法图、柱平法图、墙平法图，具体操作详⊜"任务 4.6 结构工程 CAD 软件：探索者 TSSD 智能成图"。

以下内容用探索者 TSSD 绘制文理学院楼结构综合实例。

## 任务 4.3　绘制柱和基础平面图

本任务主要内容是学习轴网、柱子、地梁、基础的绘图方法。

### 4.3.1　建立轴网

**1. 建立矩形轴网**

菜单："平面"→"轴网"→"矩形轴网"（"布置轴网"→"矩形轴网"）。

命令行提示："JXZHW"。

视频4.3
轴网绘制

注：括号内菜单为屏幕菜单操作，下同。

程序进入如图 4-6（a）所示对话框，在对话框中输入如图 4-6（b）所示数据，单击"确定"按钮，对话框消失，命令行提示：

指定轴网定位点或"改变基点（B）"＜退出＞（单击轴网插入点）。

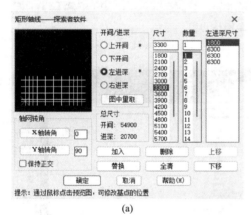

| 上开间 | 3*3900, 8100, 3*7800, 8100, 3*3900 |
|---|---|
| 下开间 | 同上开间 |
| 左进深 | 1800, 6300, 3300, 8100 |
| 右进深 | 同左进深 |

(a)　　　　　　　　　　　　　　　　　　　　　(b)

**图 4-6　建立矩形轴网**

（a）"矩形轴网"对话框；（b）"矩形轴网"数据

这时，屏幕上出现如图 4-7 所示轴网。

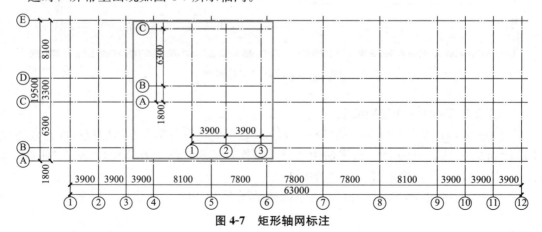

**图 4-7　矩形轴网标注**

**2. 轴网标注**

菜单："平面"→"轴网"→"轴网标注"（"布置轴网"→"轴网标注"）。

在菜单上单击命令后，命令行出现以下提示："ZHWBZH"。

选取预标轴线一侧的横断轴线［选取点靠近起始编号］＜退出＞：（单击最下方横向轴网）

选择不需要标注的轴线＜无＞：确认。

输入轴线起始编号＜1＞确认（①～⑫轴号在图下方自动标注）。

选取预标轴线一侧的横断轴线［选取点靠近起始编号］＜退出＞：（单击最左方纵向轴网）。

选择不需要标注的轴线＜无＞：确认。

输入轴线起始编号＜1＞确认（Ⓐ～Ⓛ轴号在图左方自动标注）。

同理上方轴网标注好的轴线。为进一步便于观察，图纸仅展示轴线①～③以及Ⓐ～Ⓒ这部分区域（图 4-7）。

默认情况下，轴线将被显示成点划线，如果用户在绘图中经常要捕捉轴线交点，可以通过单击"布置轴网"→"点划开关"命令，把轴线临时显示成实线；在出图前，再用"点划开关"命令把轴线变成点划线。

 采分点：

（1）轴网尺寸正确；

（2）轴网线型正确；

（3）轴网轴号正确。

视频4.4
柱图绘制

## 4.3.2　绘制柱图

**1. 方柱插入**

菜单："平面"→"柱子"→"插方类柱"（"布置柱子"→"插方类柱"）。

在菜单上单击命令后，出现如图 4-8（a）所示对话框，在对话框中输入如图 4-8（a）中的数据，然后单击"区域"按钮，这时命令行上出现提示："CHFZH"。

单击柱插入区域第一角点＜退出＞：

单击柱插入区域第二角点＜退出＞：

**2. 柱编号及定位**

菜单："平面"→"柱子"→"多柱标注"（"布置柱子"→"多柱标注"）图中选中柱子，对柱进行编号，"平面"→"柱子"→"柱尺寸标注"（"布置柱子"→"柱标尺寸"）图中选中柱子，对柱进行定位。

**3. 柱详图（截面注写方式表达）**

首先利用 AutoCAD 中"E"命令擦除图 4-8（b）中①和Ⓒ轴处的柱子，然后单击菜单，"构件"→"复合箍筋柱截面"（"构件绘图"→"柱截面"），出现如图 4-9（a）所示对话框，填好数据，对柱子形成截面注写方式表达。

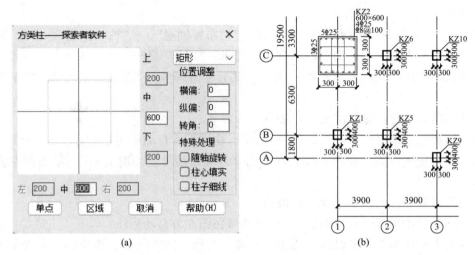

图 4-8 绘制柱图一

（a）"方类柱"对话框；（b）柱平面布置图

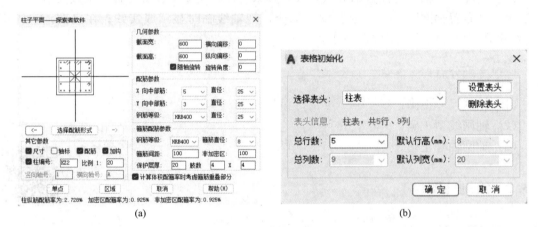

图 4-9 绘制柱图二

（a）"柱子平面"对话框；（b）柱表对话框

**4. 柱详图（列表注写方式）**

菜单："工具"→"表格"→"制作表格"→"选择柱表"（"表格绘制"→"制作表格"→"选择柱表"），出现如图 4-9（b）所示对话框，填写柱子信息、生成表 4-1 的柱表；也可使用"表格绘制"下"读 Excel"和"写 Excel"，进行 Excel 导入与导出，实现快速绘制柱表。

柱　表　　　　　　　　　　　　　　　表 4-1

| 柱号 | 标高 | b×h（圆柱直径） | 角筋 | b边一侧中部筋 | h边一侧中部筋 | 箍筋类型 | 箍筋间距 | 备注 |
|---|---|---|---|---|---|---|---|---|
| KZ1 | 4.500～8.700 | 600×700 | 4⚲25 | 2⚲25 | 3⚲25 | 1(4×5) | ⚲8@100/150 | |
| KZ2 | 4.500～8.700 | 600×600 | 4⚲32 | 3⚲32 | 2⚲25 | 1(5×4) | ⚲8@100 | |
| KZ3 | 4.500～8.700 | 600×600 | 4⚲28 | 3⚲28 | 2⚲22 | 1(5×4) | ⚲8@100 | |
| KZ4 | 4.500～8.700 | 600×700 | 4⚲25 | 3⚲25 | 4⚲25 | 1(5×6) | ⚲8@100/150 | |

**采分点：**

（1）柱平面布置正确；

（2）柱平面定位尺寸正确；

（3）柱编号正确；

（4）柱截面注写正确；

（5）柱列表注写正确。

至此，初步介绍了探索者 TSSD 软件中轴网和柱子的功能，下面进一步介绍探索者 TSSD 中的梁线绘制功能。

### 4.3.3 轴线布梁

菜单："平面"→"梁"→"轴线布梁"（"梁绘制"→"轴线布梁"），和上部平面梁绘制一样，详 ➲ "任务 4.4 绘制标准层梁平法施工图和结构平面图"。

视频4.5
基础图
绘制

### 4.3.4 基础绘制

**1. 基础计算**

菜单："计算 1"→"锥形基础计算"。

单击菜单后，出现如图 4-10（a）所示对话框，填写好"基本参数"选项卡中相应的数据后，单击"计算"按钮；单击对话框上方的"计算结果"选项卡，进入如图 4-10（b）所示的基础计算结果对话框；单击对话框上方的"绘图预览"选项卡，进行基础的详图绘制。

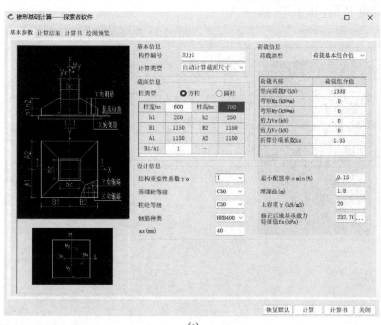

(a)

**图 4-10　锥形基础计算（一）**

（a）基本参数；

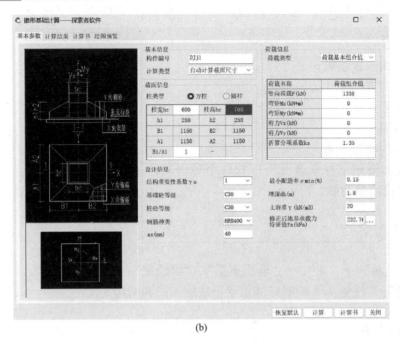

(b)

**图 4-10 锥形基础计算（二）**

（b）基础计算结果

**2. 基础详图**

基础计算后，出现如图 4-11 所示的"绘图预览"对话框，用户可以选取自己的需求配筋，单击"绘图"，首先出现的是基础平面详图，再选择图形插入点，出现的是基础剖面详图，从而完成基础详图的绘制。

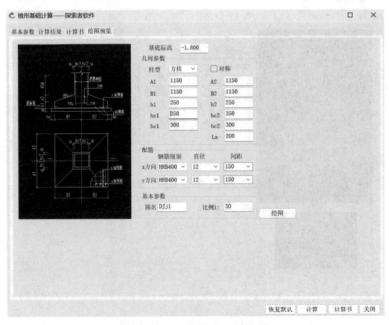

**图 4-11 "绘图预览"对话框**

**3. 基础平面**

菜单："平面"→"基础承台"→"布独立柱基础"（"基础承台"→"布柱独基"）。

单击菜单后，出现如图 4-12（a）所示对话框，输入相关数据后：

单击"轴网交点"或"柱子形心"按钮，命令行提示：

单击基础插入区域第一角点<退出>：

单击基础插入区域第二角点<退出>：

再次执行"布柱独基"命令，取消对"绘图参数"选项组中的"标注尺寸"和"仅标一个"复选按钮的选择，按照相同的方法，插入其他柱子的基础，从而完成其他不带尺寸标注的基础。至此，平面上布置基础的工作已基本完成，如图 4-12（b）所示。

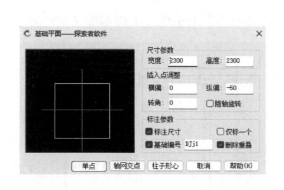

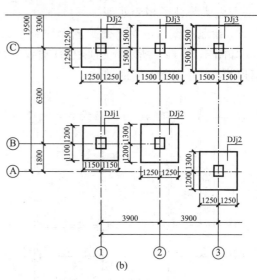

(a)

(b)

**图 4-12 基础平面**

（a）对话框；（b）平面图

采分点：

（1）基础平面布置正确；

（2）基础平面定位尺寸正确；

（3）基础编号正确；

（4）基础详图绘制正确；

（5）锥形基础计算参数选择正确。

**任务 4.4** **绘制标准层梁平法施工图和结构平面图**

本节主要内容是深化探索者 TSSD 的计算机结构制图概念，在学习轴网和柱子基础之上，进一步学习楼板、钢筋、文字的绘图方法。

视频4.6
结构平面
图绘制

### 4.4.1　绘制梁线

**1. 绘制主梁**

菜单："TS 平面" → "梁" → "轴线布梁"（"梁绘制" → "轴线布梁"）。

通过上节的练习，读者对 TSSD 的梁线绘制命令有了一个初步的了解。现在，首先使用轴线布梁的命令来绘制主梁。单击菜单后，填写好梁的绘制参数，同时命令行出现下面提示：单击轴网生梁窗口的第一点＜退出＞：第二点＜退出＞：

梁与柱子相交已有程序自动处理好，如果选"梁" → "画直线梁"，选"柱" → "柱空心"做梁与柱子相交处理。

**2. 绘制次梁**（说明：此处演示次梁，Ⓑ轴与Ⓒ轴之间增加次梁）

如图 4-13（a）所示，图形上有轴线的部分都已经布置上梁线。下面添加次梁；为了方便定位，首先添加辅助轴线。

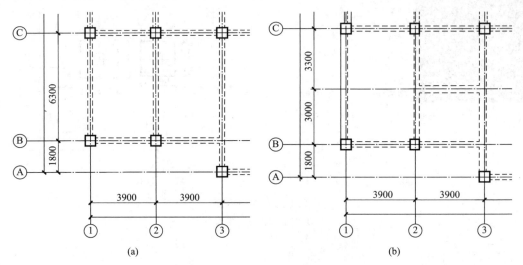

(a)　　　　　　　　　　　　　　　　　(b)

**图 4-13　绘制梁线**

（a）轴线布梁；（b）结构平面图

拾取参考轴线＜退出＞：左键选图 4-13（a）中Ⓑ轴。

输入新轴线的偏移距离＜退出＞：3000。

输入轴线编号＜无＞：确认完成。

同理在添加轴线上，菜单："TS 平面" → "梁" → "轴线布梁"（"梁绘制" → "轴线布梁"）来绘制次梁。

所有的梁线均已绘制完成，梁线相交部分：梁线相交部分已有程序自动处理好。

**3. 标注断开**

观察一下图形，发现Ⓑ与Ⓒ轴之间的尺寸依然是 6.3m，没有在添加了轴线之后断开。下面，对其进行处理：

菜单："TS 工具" → "尺寸" → "标注断开"（"尺寸标注" → "标注断开"）。

单击菜单后，命令行出现下面提示：

选取要拆分的尺寸（定位基点靠近单击位置）＜退出＞：

单击尺寸断开点（或输断开长度）/[/n]－n 等分＜退出＞：

这样，左侧的Ⓑ与Ⓒ轴之间的尺寸就被拆开成 3m 和 3.3m。

**4. 梁线偏移**

菜单："TS 平面"→"梁"→"梁线偏移"（"梁绘制面"→"梁线偏移"）。

单击菜单后，命令行出现下面提示：

选择要偏心的一根梁＜退出＞：左键选择对象，确认。

指定偏移距离（光标位置决定方向）或点取对齐点＜退出＞：左键柱边。

梁线偏移完成。

**5. 虚实变换**

菜单："TS 平面"→"梁"→"梁虚实变换"（"梁绘制面"→"虚实变换"）。

单击菜单后，命令行出现下面提示：

选择要变换的梁线＜退出＞：左键选择对象，完成。

至此结构平面图布置完成，如图 4-13（b）所示。

 采分点：

1）梁标注断开正确；

2）梁线偏移正确；

3）梁线虚实变换。

## 4.4.2　梁平法施工图绘制

**1. 梁集中标注**

菜单："TS 平面"→"梁"→"梁集中标"（"梁绘制"→"梁集中标"）
单击菜单后，程序进入如图 4-14（a）所示对话框。调整好输入数据后，单击
"确定"按钮，命令行出现下面提示：

视频4.7
梁平法施
工图绘制

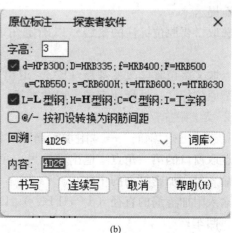

(a)　　　　　　　　　　　　　　　　　　(b)

**图 4-14　梁的标注**

（a）"梁集中标"对话框；（b）"梁原位标"对话框

选取梁一条边＜退出＞：左键选择梁对象。

单击梁集中标注的位置＜退出＞：

单击文字位置＜退出＞：左键确定。

如图 4-15 所示，梁集中标注完成。

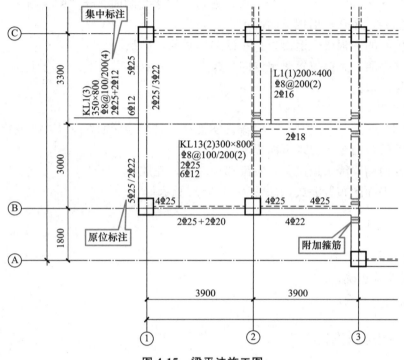

图 4-15　梁平法施工图

**2. 梁原位标注**

菜单："TS 平面"→"梁"→"梁原位标"（"梁绘制"→"梁原位标"）单击菜单后，程序进入如图 4-14（b）所示对话框。调整好输入数据后，单击"书写"按钮，命令行出现下面提示：

选取〔要原位标注的梁线〕以确定角度或〔输入角度（A）〕＜水平＞：左键选择梁对象；

点取文字位置〔改变基点（B）〕＜退出＞：左键确定；

梁原位标注一处标注完成，以此类推，如图 4-15 所示梁标注完成。

**3. 梁上附加箍筋**

"工具"→"钢筋"→"附加箍筋"（"钢筋绘制"→"附加箍筋"）；

点取窗口的第一角点＜退出＞：另一角点＜退出＞：

输入每侧加密箍筋的个数＜3＞：回车。

输入附加箍筋的直径（d＝HPB300；D＝HRB335；f＝HRB400；F＝HRB500）＜目标＞：回车；

点取附加箍筋的方向，左键确定。

如图 4-15 所示，完成附加箍筋标注，至此梁平法施工图完成。

**4. 图形完善**

文字输入，在结构绘图过程中经常要使用到各种特殊符号为此，TSSD 提供了大量的文字工具，菜单："TS 工具"→"文字"→"文字输入"（"书写文字"→"文字输入"）或者对梁标注文字修改，菜单："TS 工具"→"文字"→"通用编辑"（"书写文字"→"通用编辑"）进行修改完善。

 采分点：

1）梁集中标注正确；

2）梁原位标注正确；

3）梁上附加箍筋正确。

### 4.4.3 结构平面图绘制

视频4.8
配筋图
绘制

在梁平面布置完成基础上，对现浇钢筋混凝土板进行配筋。

**1. 板内正筋**

菜单："TS 工具"→"钢筋"→"自动正筋"（"钢筋绘制"→"自动正筋"）单击菜单后，出现如图 4-16（a）所示钢筋控制框，直接在上面控制绘制钢筋的数据；同时在命令行出现以下提示：

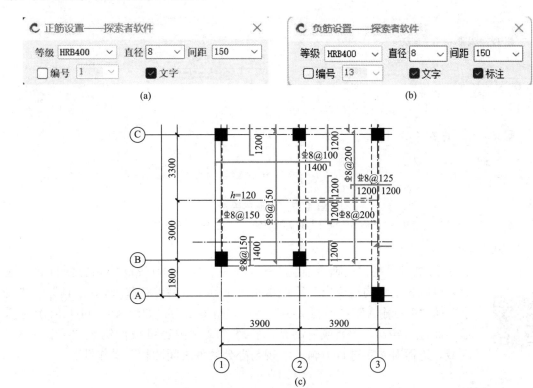

**图 4-16　结构平面绘图**
（a）正筋数据输入；（b）负筋数据输入；（c）结构平面图

单击正筋起点<退出>：左键确定；

终点<退出>：左键确定；

位置<退出>：左键确定。

板内正筋绘制完成后，继续布置板的负筋。

**2. 板边负筋**

菜单："TS 工具"→"钢筋"→"自动负筋"（"钢筋绘制"→"自动负筋"）单击菜单后，出现如图 4-16（b）所示钢筋控制框，确定控制绘制钢筋的数据，并且打开标注。

点取多跨负筋的起始点<退出>：

终止点<退出>：

终止端长度<950>：1400；

输入起始端长度<950>：1200；

终止端长度<950>：1200。

完成板内负筋一处绘制，以此类推；也可以采用"多跨负筋"命令一次完成负筋绘制。

**3. 板厚**

表达菜单："TS 工具"→"文字"→"文字输入"（"书写文字"→"文字输入"）进行修改标注，结构平面图形已经基本完成了，如图 4-16（c）所示。

**4. 图名设置**

菜单："TS 工具"→"常用符号"→"图形名称"（"符号"→"图形名称"）如图 4-17（a）所示。

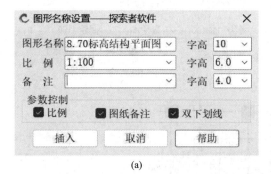
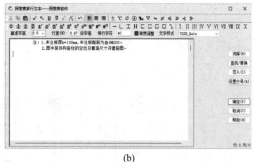

(a)                                    (b)

**图 4-17 图形完善**

(a)"图形名称设置"对话框；(b)"多行文本"对话框

**5. 图形完善**

视频4.9
图纸文字
编辑

在结构中经常需要写一些"构造要求"，但这些文字在 AutoCAD 中不方便排版；这时，可以先把"构造要求"用记事本等工具写好后保存起来，"工具"→"文字"→"多行输入"（"书写文字"→"多行输入"），如图 4-17（b）所示对话框，通过"导入"功能或复制粘贴操作，文件内容可被传输至"多行文本"区域，进而对文字进行编辑，实现与办公软件之间的相互操作性。

采分点：

1）板内正筋配置正确；

2）板边负筋配置正确；

3）板厚标注正确；

4）图名设置正确；

5）文本文件导入正确。

## 任务 4.5　绘制楼梯详图

本节以绘制文理学院楼楼梯综合实例，主要内容在学习轴网和柱子基础之上，进一步学习 2 号楼梯二层大样的绘图方法。

楼梯比例一般采用 1∶50。

### 4.5.1　楼梯平面图绘制

**1.** 设置比例

单击屏幕菜单"初始设置"或下拉菜单"TSSD 平面"→"初始设置"，弹出"初始设置"对话框，在对话框内可分别设置绘图比例和出图比例，默认的比例均为 1∶100。

视频4.10 楼梯平面绘制

直接单击屏幕菜单第二行"1∶100"，改变绘图比例。单击该命令后，命令行出现如下提示：输入新的绘图比例＜1∶100＞ 1∶50。

 采分点：

1）设置比例正确。

2）建立矩形轴网，详 ⊛ "任务 4.3 绘制柱和基础平面图"。

3）绘制柱图，详 ⊛ "任务 4.3 绘制柱和基础平面图"。

4）绘制墙线。

菜单："TS 平面"→"剪力墙"→"画直线墙"（"墙体绘制"→"画直线"）在菜单上单击命令后，出现如图 4-18（a）所示对话框，在对话框中输入数据。

命令："HZHXQ"。

点取墙的起点［参照点（F）］＜退出＞

下一点［弧墙（A）/参照点（F）/回退（U）］〈结束〉

沿柱子外围依次选点，完成墙体布置，柱子空心详 ⊛ "任务 4.3 绘制柱和基础平面图"。在墙体绘制下，墙上开洞，完成墙上开洞，如图 4-18（b）所示。

 采分点：

1）绘制墙线正确；

2）墙上开洞正确。

**2.** 绘制楼梯平面

菜单："平面"→"楼梯平面"。

(a)　　　　　　　　　　(b)

**图 4-18　绘制墙线**

(a) 绘制墙线；(b) 墙上开洞

在菜单上单击命令后，出现如图 4-19（a）所示对话框，在对话框中输入数据，然后单击确定。

命令："LTPM"。

点取插入点：90 度旋转（A）/X 翻转（S)/Y 翻转（D)/改插入角（R)/改基点（T）＜退出＞：

 采分点：

1）楼梯平面绘制参数输入正确；

2）楼梯平面定位正确。

**3. 楼梯平面中绘制梯梁梯柱**

梯柱同柱绘制，详 ⏩ "任务 4.3 绘制柱和基础平面图"，梯梁同梁绘制，详 ⏩ "任务 4.4 绘制标准层梁平法施工图和结构平面图"。

**4. 文字标注**

菜单："工具"→"文字"→"文字输入"（"书写文字"→"文字输入"）。

在菜单上单击命令后，出现如图 4-19（b）所示对话框，在对话框中输入数据，然后单击"书写"，进行梯梁梯柱标注。

**5. 标高标注**

菜单："工具"→"标高坐标"→"标高绘制"（"标高坐标"→"标高绘制"）。

命令："BGHZH"。

点取标高定位点或［选取参考标高（R）］＜退出＞：

输入第一行文字＜退出＞：2.172；

输入下一行文字＜结束＞：确定；

如图 4-19（c）所示，标高标注完成。

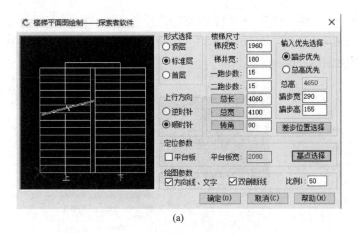

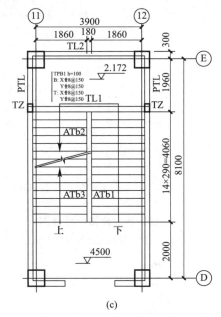

(c)

**图 4-19　绘制楼梯平面图**

（a）"楼梯平面绘制"对话框；（b）"文字输入"；（c）楼梯平面施工图

 采分点：

1）楼梯平面标高标注正确；

2）楼梯平面梁柱编号正确。

**6. 图形完善**

轴网尺寸标注同，详⊗ "任务 4.3 绘制柱和基础平面图"，图名标注详⊗ "任务 4.4 绘制标准层梁平法施工图和结构平面图"。完成楼梯平面图，如图 4-19（c）所示。

## 4.5.2　梯梁梯柱详图

菜单："构件" → "梁截面"（"构件绘图" → "梁截面"）。

"构件"→"复合箍筋柱截面"("构件绘图"→"柱截面")。

在菜单上单击命令后，出现如图 4-20（a）与如图 4-20（b）所示对话框，在对话框中输入数据，然后单击确定直接成图如图 4-20（c）。

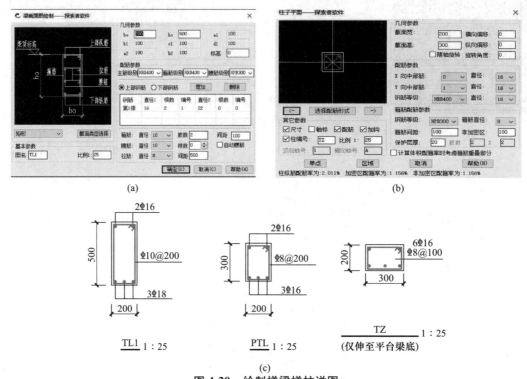

(a)                                                    (b)

TL1 1:25                PTL 1:25                TZ 1:25
（仅伸至平台梁底）

(c)

**图 4-20　绘制梯梁梯柱详图**

（a）"梁截面图绘制"对话框；（b）"柱截面图绘制"对话框；（c）梯梁梯柱详图

 采分点：

1）梯梁截面绘制正确；

2）梯柱截面绘制正确。

### 4.5.3　楼梯梯段板绘制及计算

菜单："计算 1"→"板式楼梯计算"。

视频4.11
楼梯梯段
绘制

单击菜单后，出现如图 4-21（a）所示对话框，填写好"基本参数"选项卡中相应的数据后，单击"计算"按钮；单击对话框上方的"计算结果"选项卡，进入楼梯计算结果，形成计算书，根据计算结果，单击对话框上方的"绘图预览"选项卡绘图如图 4-21（b）所示，楼梯梯段板绘图完成。

 采分点：

1）板式楼梯基本参数输入正确；

2）楼梯梯段绘图正确。

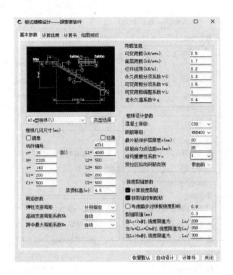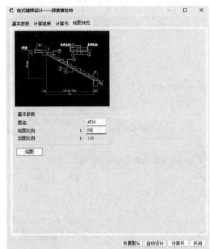

**图 4-21　楼梯梯段板绘制及计算**

（a）基本参数；（b）绘图预览

## 任务 4.6　结构工程 CAD 软件：探索者 TSSD 智能成图

本任务主要内容是学习智能成图模板图、柱图、梁图、板图的绘图方法。

视频4.12
探索者
TSSD
软件智能
成图

### 4.6.1　模板图绘制

**1. 模板图参数设置**

菜单："智能成图"→"模板图设置"。

命令行提示："AAMBTSZ"。

提示：括号内菜单为屏幕菜单操作，下同。

程序进入如图 4-22（a）所示对话框，在对话框中输入图中所示选项，点击"确定"按钮，对话框消失，命令完成。

**2. 生成模板图**

菜单："智能成图"→"生成模板图"。

命令行出现以下提示："AASCMBT"。

程序进入到图 4-22（b）所示对话框，在对话框中输入图中所示选项，点击"确定"按钮，命令行出现以下提示："AASCMBT，命令行提示取插入角点"。

生成如图 4-22（c）模板图。

注意事项：

1）计算软件选择盈建科（YJK）或 PKPM。

2）计算目录选择计算软件在电脑上的一级目录。

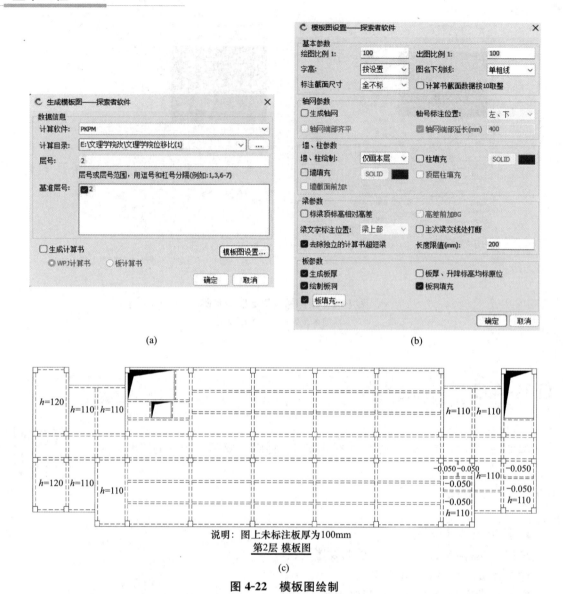

(a)

(b)

说明：图上未标注板厚为100mm

第2层 模板图

(c)

**图 4-22　模板图绘制**

（a）生成模板图"数据信息"对话框；（b）"模板图设置"对话框；（c）模板图

3）层号进行选择。

4）基准层号勾选的层号为基准层，不勾选的作为归并层，例如输入 1～6 层，勾选 1、3 则软件自动将 1～2 层、3～6 层进行归并，1 层以及 3 层作为基准层，其他层作为归并层。

5）生成计算书：是否生成计算书即生成 WPJ、板计算书内容。

以下生成柱图、梁图、板图注意事项均相同。

 采分点：

1）模板图数据信息输入正确；

2）模板图基本参数正确。

## 4.6.2　生成柱图

菜单："智能成图"→"生成柱图"。

命令行提示："AASCZT"。

提示：括号内菜单为屏幕菜单操作，下同。

程序进入到如图 4-23（a）所示对话框，点击"柱设置"出现如图 4-23（b）对话框，输入图中所示选项，选列表注册，点击"确定"按钮。

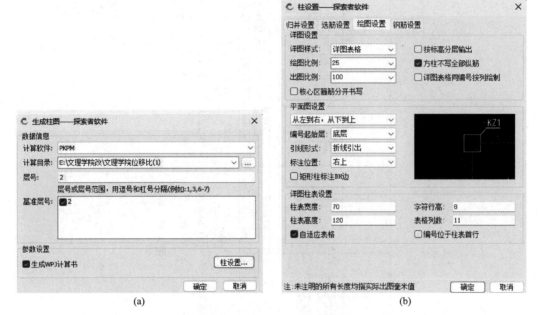

**图 4-23　"生成柱图"对话框**

（a）"数据信息"对话框；（b）"柱设置"对话框

点击确定命令行出现以下提示："AASCZT，命令行提示插入角点"。

生成如图 4-24 所示柱图。

 采分点：

1）生成柱图数据信息输入正确；

2）生成柱图柱设置正确。

## 4.6.3　生成梁图

菜单："智能成图"→"生成梁图"。

在菜单上单击命令后，出现如图 4-25（a）所示对话框，在对话框中输入"梁绘制设置"［图 4-25（b）］中的数据，然后单击"区域"按钮，这时命令行上出现提示："AASCLT"。

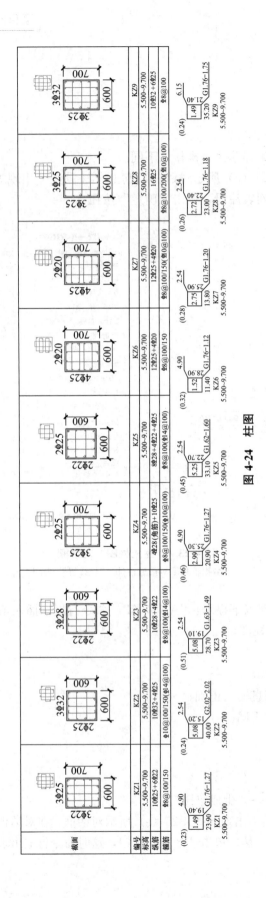

图 4-24　柱图

| 编号 | KZ1 | KZ2 | KZ3 | KZ4 | KZ5 | KZ6 | KZ7 | KZ8 | KZ9 |
|------|------|------|------|------|------|------|------|------|------|
| 截面 | 700×600 3Φ25 / 2Φ22 | 600×600 3Φ32 / 2Φ25 | 600×600 3Φ28 / 2Φ22 | 700×600 2Φ25 / 3Φ25 | 600×600 2Φ25 / 2Φ22 | 700×600 2Φ20 / 4Φ25 | 700×600 2Φ20 / 4Φ25 | 700×600 3Φ25 / 3Φ25 | 700×600 3Φ32 / 3Φ25 |
| 标高 | 5.500~9.700 | 5.500~9.700 | 5.500~9.700 | 5.500~9.700 | 5.500~9.700 | 5.500~9.700 | 5.500~9.700 | 5.500~9.700 | 5.500~9.700 |
| 纵筋 | 10Φ25+6Φ22 | 10Φ32+4Φ25 | 10Φ28+4Φ22 | 4Φ28(角筋)+10Φ25 | 8Φ28+4Φ22+4Φ25 | 12Φ25+4Φ20 | 12Φ25+4Φ20 | 16Φ25 | 10Φ32+6Φ25 |
| 箍筋 | Φ8@100/150 | Φ10@100/150(Φ14@100) | Φ8@100(Φ14@100) | Φ8@100/150(Φ10@100) | Φ8@100(Φ14@100) | Φ8@100/150 | Φ8@100/150(Φ10@100) | Φ8@100/200(Φ10@100) | Φ8@100 |

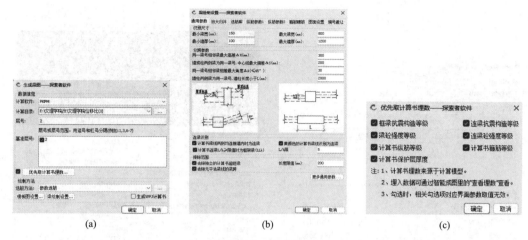

**图 4-25 生成梁图**

（a）"数据信息"对话框；（b）"梁绘制设置"对话框；（c）优先取计算书埋数

优先取计算书埋数：勾选此参数时，梁的参数优先取模型中的相关参数，而不是梁绘制设置中的相关参数，如图 4-25（c）所示。

注意事项：

数据绘图的"生成梁图"相较"梁绘制"命令的特点：

1. 数据绘图梁施工图可以一次生成多层施工图，且支持归并。

2. 数据绘图的梁施工图成图速度快，可以自动考虑模型中的抗震等级，混凝土等级等信息，信息更多。

3. 数据绘图的梁施工图不能像"梁绘制"那样使用用户模板成图，不能设置成图区域。

点击确定命令行出现以下提示："AASCZT，命令行提示插入角点"。生成如图 4-26 所示梁平法施工图。

采分点：

1）生成梁图数据信息输入正确；

2）生成梁图梁设置正确；

3）生成梁图优先取计算书埋数选取正确。

### 4.6.4 生成板图

菜单："智能成图"→"生成板图"。

在菜单上单击命令后，出现如图 4-27（a）所示对话框，在对话框中输入"板筋参数设置"［图 4-27（b）］数据，然后点击"区域"按钮，这时命令行上出现提示："AASCBT"。

注意事项：

1）生成板图，可以选择绘图楼层，有三种绘图模式，即传统方式、国标平法、双层双向。

2）钢筋等级、混凝土等级：程序自动读取。

图 4-27　生成板图

（a）生成板图"数据信息"对话框；（b）"板筋参数设置"对话框

点击确定命令行出现以下提示："AASCBT，命令行提示插入角点"。生成如图 4-28
所示板施工图（传统方式出图效果）。

 采分点：

1）生成板图数据信息输入正确；

2）生成板图板筋参数设置正确。

**素质目标**

现代建筑是多学科的综合体，其中包括了建筑给水排水、消防给水、热水供应、建筑供配电、建筑照明、建筑弱电建筑智能化、供暖、建筑通风、空气调节和燃气供应系统的建筑设备。它们在现代建筑中占有举足轻重的作用。在本项目的学习中要注意提升和培养学生以下方面：

作为机电设备和暖通 CAD 设计师的职业道德，如诚信、责任、公正等，注意在设计过程中应遵守的道德规范和职业准则。

注意绿色建筑和可持续发展理念，在设计过程中需要考虑建筑对环境的影响，并尽可能采用环保材料和节能技术。

在机电设备和暖通 CAD 设计中，注意安全意识，发现建筑使用过程中可能存在的安全隐患和风险，预防和避免安全事故的发生。

**技能目标**

• 通过本项目的学习，了解天正给水排水、天正暖通和天正电气绘图的基本知识；
• 熟练运用天正软件绘制给水排水工程施工图、供暖通风设备施工图、电气设备施工图等；
• 掌握天正软件的基本功能、相关参数的选择和输入要求，进一步提高施工图的绘图速度。

建筑设备的种类较多，所对应的设备施工图也有多种类型，常见的有给水排水工程施工图、电气设备施工图、供暖通风设备施工图、燃气设备施工图。施工图的内容主要包括：施工设计说明、系统平面图、系统轴测图和详图等内容。本项目主要介绍常见设备施工图的内容、绘图特点和要求以及绘图方法和步骤等内容。

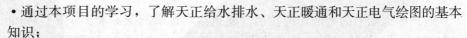

**任务 5.1** 给水排水工程施工图

给水排水工程是现代化城市及工矿企业建设必要的设施。它包括给水工程和排水工程两个方面，给水工程包括取水工程、净水工程、输配水工程等；排水工程是指污水或废水的排出、污水处理和污水排放等工程。

给水排水施工图（简称给排水施工图）可分为室内给排水施工图和室外给排水施工图两部分。室内给水排水施工图主要表示一幢建筑物中用水房间的卫生器具、给水排水管道及其附件的类型、大小与房屋的相对位置和安装方式的施工图，主要包括管道平面图、系统轴测图、安装详图、图例和施工说明等；室外给排水施工图主要表示一个区域的给水排水管网的布置情况，主要包括室外管网的总平面布置图、流程示意图、纵剖面图和横剖面图、工艺图和详图等。

### 5.1.1 给水排水专业制图的一般规定

给水排水专业制图，应符合《建筑给水排水制图标准》GB/T 50106—2010 的规定，其图纸规格、图线、字体、符号、定位轴线及尺寸标注等内容还应符合《房屋建筑制图统一标准》GB/T 50001—2017 以及国家现行的有关强制性标准的规定。

1) 比例

室内给水排水平面图一般采用与建筑平面图相同的比例，常采用 1∶100 的比例，必要时也可采用 1∶50、1∶150、1∶200 等。

2) 平面图数量

多层建筑的给水排水平面图原则上应分层绘制，管道系统布置相同的楼层可以只绘制一个给水排水平面图，但底层管道平面图必须单独画出，一般应绘制完全的底层平面图。屋面上的管道系统和屋面排水应另画屋顶管道平面图。

由于底层管道平面图中的室内管道与户外管道相连，所以必须单独画出一个完整的底层管道平面图；若各层管道系统的布置相同，可以合并绘制一个楼层管道平面图。

3) 图例

管道平面图中的图例均应按照《建筑给水排水制图标准》GB/T 50106—2010 中所规定的图例绘制，给水排水制图常用图例见表 5-1。其中除管道用粗实线（$b$）外，其余均用细实线（$0.35b$）绘制，给水管道用粗实线，排水管道用粗虚线。

给水排水制图常用图例 表 5-1

| 名称 | 图例 | 名称 | 图例 |
|---|---|---|---|
| 给水管 | ———————— | 地漏 | |
| 排水管 | – – – – – – | 浴盆 | |
| 雨水管 | –·–·–·–·– | 洗脸盆 | |
| 立管 | XL    XL | 污水池 | |
| 检查井 | –·–○–·–□–·– | 坐式大便器 | |
| 配水龙头 | | 小便槽 | |

续表

| 名称 | 图例 | 名称 | 图例 |
|---|---|---|---|
| 淋浴器 | | 截止阀 | DN≥50<br>DN＜50 |
| 自动冲洗水箱 | | 闸阀 | |
| 通气帽 | | 球阀 | |
| 存水弯 | | | |

## 5.1.2 天正给水排水软件简介

天正给水排水是北京天正工程软件有限公司开发的给水排水专业系列软件，可用于给水排水工程施工图的绘制。由于该软件是一款在 AutoCAD 基础上二次开发的用于给水排水专业绘图的软件，其与 AutoCAD 的关系十分密切。

视频5.1
天正给水
排水软件
介绍

天正给水排水有以下特点：

• 天正给水排水与 AutoCAD 相比，显得更加智能、人性化与规范化，能有效地提高作图效率。

• 天正给水排水在 AutoCAD 的基础上增加了用于绘制给水排水图纸的专用工具栏，如给水排水管线、卫生洁具、阀门等工具。

• 天正给水排水其专业图形设置了默认的图层标准，用户在使用其提供的工具绘制给排水图形时，会自动创建相应的图层。

• 预设了图纸的绘图比例以及符合国家相关的制图标准。

天正给水排水（Twt）界面介绍

天正给水排水安装完成后，将在桌面创建"天正给水排水"快捷方式图标。双击该图标，或在开始菜单中执行"程序"→"Autodesk"→"天正给水排水"命令。界面如图 5-1 所示。

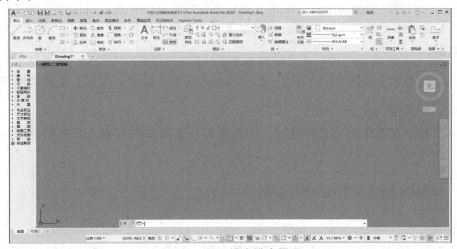

图 5-1 天正给水排水界面

天正给水排水主要功能都列在"折叠式"三级结构的屏幕菜单上，单击上一级菜单中某个子项则可以展开下一级菜单，同级菜单相互关联，展开另一个同级菜单时，原来展开的菜单自动合拢（图 5-2）。二～三级菜单是天正给水排水的可执行命令或者开关项，当光标移到菜单上时，状态行会出现该菜单功能的简短提示。有些菜单无法完全在屏幕显示，可用鼠标滚轮上下滚动菜单快速选取当前不可见的项目。

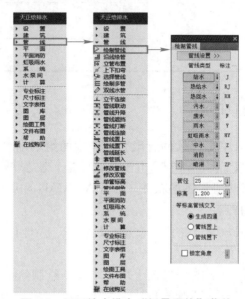

**图 5-2　天正给水排水"折叠风格"菜单**

天正给水排水常用工具栏如图 5-3 所示，基本包括了天正给水排水绘图过程中常用的命令及快捷方式。

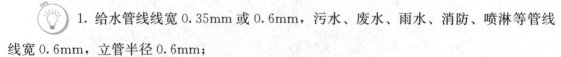

**图 5-3　天正给水排水常用工具栏**

使用天正给水排水绘图前需进行初始管线设置：

菜单命令："设置"→"初始设置"→在天正设置框体内根据制图习惯及要求设置管线、弯头、标注等绘制初始属性。点击"管线系统设置"→管线设置框内点击"给水"前的"＋"打开给水系统管线→按照绘制习惯及要求设置管线线宽、标注、管材、立管半径等初始数据。

1. 给水管线线宽 0.35mm 或 0.6mm，污水、废水、雨水、消防、喷淋等管线线宽 0.6mm，立管半径 0.6mm；

2. 对于初始设置中的"室外设置"需根据具体总图绘制要求，在绘制前进行针对地设置。

### 5.1.3　室内给水排水平面图的绘制

**1. 任务**

以文理学院四层卫生间给水排水平面图为例，绘制如图 5-4 所示的室内给水排水平

面图。

**2. 具体操作**

1）清理建筑平面图

（1）删除建筑平面图中与给水排水绘图无关的家具设备等；

（2）删除建筑平面图中与给水排水绘图无关的标注；

（3）保留两层轴网标注；

（4）处理建筑底图颜色，可根据绘图习惯或具体绘图要求进行处理（建议：墙体，柱子 9 号色；家具、洁具、餐具等 8 号色，门窗及其余图层 252 号色）。

2）绘制给水平面图

（1）给水管的绘制有如下两种：

① 菜单命令："管线"→"绘制管线"→从"绘制管线"窗口中选择"给水"，并设定管径、标高等参数。

② 命令行输入："HZGX"，从打开的"绘制管线"窗口中选择"给水"，并设定管径、标高等参数。

注：根据给水管标高的不同，天正给水排水软件会在转接处自动生成立管。

（2）绘制阀门：

① 菜单命令：

a. "平面"→"给水阀件"→从窗口中选择需要的阀门和阀件，绘制在管线上或替换管线上已有的阀门类别。如图 5-5 所示。

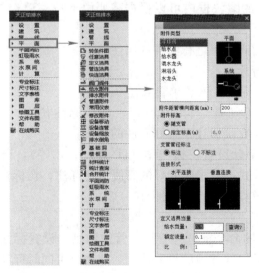

**图 5-5　绘制阀门方法（1）**

注：阀门阀件的绘制需要绘制在管线上。

b. "系统"→"系统附件"→从"系统附件"窗口下拉菜单选择给水附件→选择需要的系统附件图块，绘制在图面上。如图 5-6 所示。

注：双击阀门可进行阀门属性编辑。

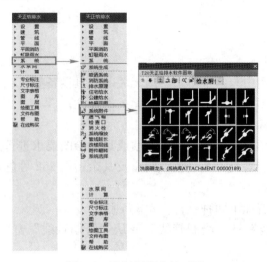

**图 5-6　绘制阀门方法（2）**

② 命令行输入：

a. "FMFJ"，从打开的图块框内可以根据需要由下拉菜单选择普通阀门、电动阀门、附件、仪表等进行绘制。

b. "GSFJ" "PSFJ"，从打开的命令框选择给水系统和排水系统的附件类型（如给水点、水龙头、排水点、地漏等），设置标高，选择标注以及连接形式，确定洁具当量数据后绘制在图面上。

c. "XTFJ"，从打开的图块框内可以根据需要由下拉菜单选择给水附件、排水附件、消防附件等进行绘制。

注：双击绘制的阀门阀件可进行阀件的属性编辑。

（3）对给水管线进行标注：

① 菜单命令："专业标注"→"单管管径"。

a. 从打开的命令框可勾选"自动读取"，选择标注位置，设置标注字高（一般为"2.5"），选择标注样式，直接标注设置好属性的管线。

b. 从打开的命令框手动设置管道类型（DN，De，$\phi$ 等），设置管径、标注位置、设置标注字高，选择标注样式，点击绘制好的管线进行标注，在标注的同时，可同步赋予管线标注的属性（包括管道类别，管径属性）。

② 命令行输入：

a. "GJBZ"，从打开的命令框选择管径、管道类别，设置标注字高，设置标注离管距离，根据绘制的管线图面勾选其他的设置选项，此命令可同时标注多条管线。

b. "DGGJ"，从打开的命令框可勾选"自动读取"，选择标注位置，设置标注字高，选择标注样式，直接标注设置好属性的管线。

从打开的命令框手动设置管道类型，设置管径、标注位置、设置标注字高，选择标注样式，点击绘制好的管线进行标注，在标注的同时，可同步赋予管线标注的属性。此命令需依次点击需要标注的管线进行标注。

卫生间给水平面绘制如图 5-7 所示。

项目五　机电设备和暖通 CAD 应用

### 3. 绘制排水平面图

排水平面图的绘制步骤参照"2）绘制给水平面图"。卫生间排水平面图绘制如图 5-8 所示。

视频5.3
卫生间排水平面图绘制

### 4. 绘制给水系统图

给水系统图的绘制方法有两种：

（1）菜单命令："系统"→"住宅给水"或"公建给水"（本案例为公共建筑，故选择"公建给水"）→"绘制公共建筑给水原理图"窗口中定义层高、楼板、立管等参数生成，如图 5-9 所示。

视频5.4
卫生间给水系统图绘制

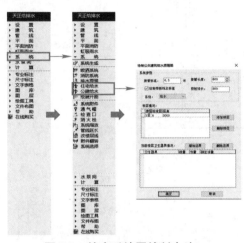

**图 5-9　给水系统图绘制方法一**

（2）"系统"→"系统生成"→"平面图生成系统图"窗口中选择需要生成的系统类别如图 5-10 所示。然后勾选需要生成的平面图范围，直接生成系统（轴测）图。生成的卫生间给水系统图如图 5-11 所示。

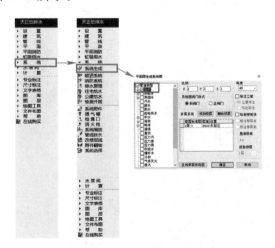

**图 5-10　给水系统图绘制方法二**

视频5.5
卫生间排水系统图绘制

### 5. 绘制排水系统图

排水系统图的绘制步骤参照"4. 绘制给水系统图"。绘制结果如图 5-12 所示。

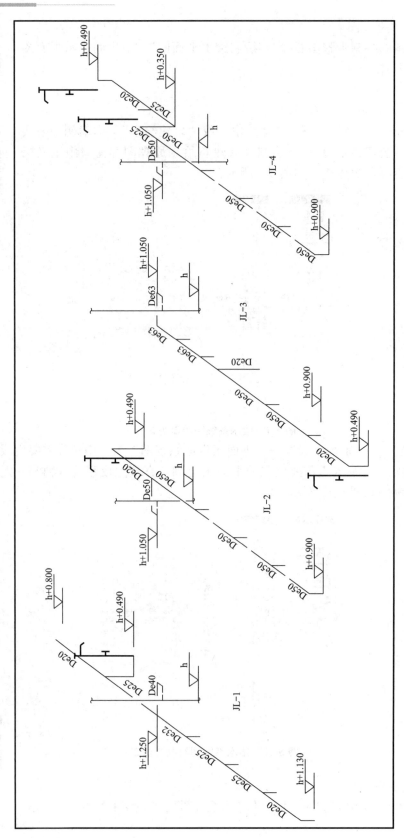

图 5-11　卫生间给水系统图

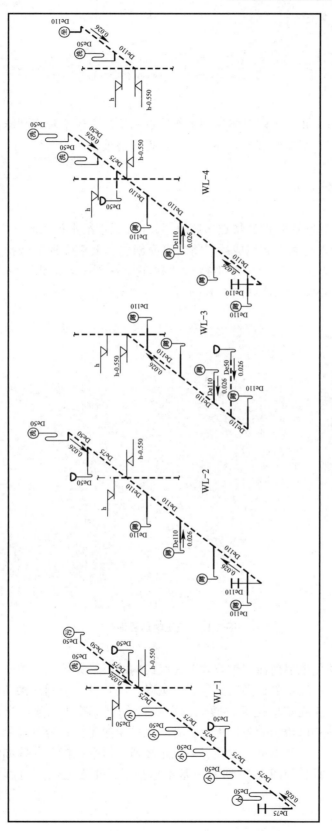

图 5-12　卫生间排水系统图

## 任务 5.2 供暖、通风工程施工图

随着国民经济的发展，人们对居住和工作地点的生产、生活环境要求越来越高，建筑物通过供暖、通风和空调来调节人居环境，就显得日益重要。

### 5.2.1 天正暖通软件简介

视频5.6
天正暖通
软件介绍

天正暖通软件的特点参照◎"5.1.2 天正给水排水软件简介"。

天正暖通安装完成后，将在桌面创建"天正暖通"快捷方式图标。双击该图标，或在开始菜单中执行"程序"→"Autodesk"→"天正暖通"命令。天正暖通界面如图 5-13 所示。

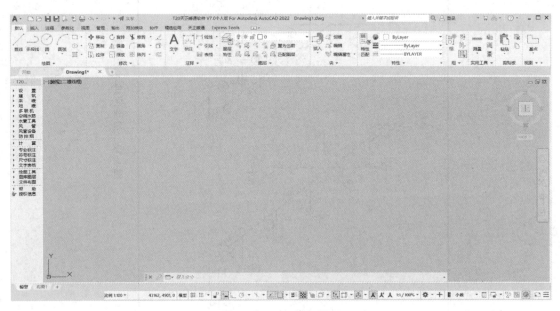

**图 5-13 天正暖通界面**

天正暖通主要功能也都列在"折叠式"三级结构的屏幕菜单上，单击上一级菜单中某个子项则可以展开下一级菜单，同级菜单相互关联，展开另一个同级菜单时，原来展开的菜单自动合拢。二～三级菜单是天正暖通的可执行命令或者开关项，当光标移到菜单上时，状态行会出现该菜单功能的简短提示。有些菜单无法完全在屏幕显示，可用鼠标滚轮上下滚动菜单快速选取当前不可见的项目。天正暖通"折叠风格"菜单如图 5-14 所示。

天正暖通常用工具栏如图 5-15 所示，基本包括了天正暖通绘图过程中常用的命令及快捷方式。

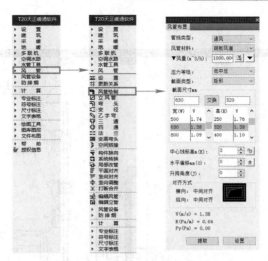

图 5-14　天正暖通"折叠风格"菜单

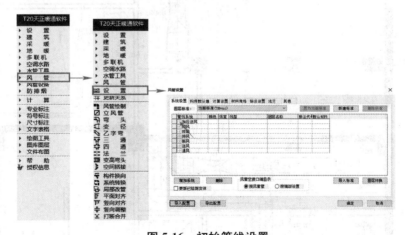

图 5-15　天正暖通常用工具栏

天正暖通画图前需进行初始管线设置（以绘制通风系统为例）：

菜单命令："设置"→"风管"→"设置"→在"风管设置"窗口分别进行"系统设置""构建默认值""计算设置""材料规格""法兰""其他"的设置，如图 5-16 所示。在"系统设置"中点击"加压送风"前的"＋"打开加压送风系统管线→按照绘制习惯及规范要求设置管线颜色、线宽、线型等初始数据。

图 5-16　初始管线设置

## 5.2.2　暖通系统的绘制

### 1. 任务

绘制如图 5-17 所示的通风及防排烟平面图。

视频5.7
地下室暖
通平面图
绘制

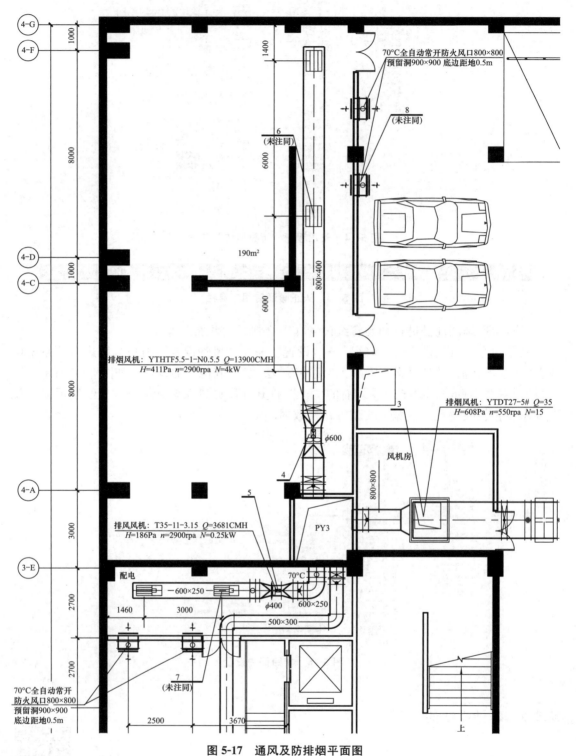

 内容说明（图中标注）：

- 4-G
- 4-F
- 4-D
- 4-C
- 4-A
- 3-E

70℃全自动常开防火风口800×800
预留洞900×900 底边距地0.5m

8
（未注同）

6
（未注同）

190m²

800×400

排烟风机：YTHTF5.5-1-N0.5.5 $Q$=13900CMH
$H$=411Pa $n$=2900rpa $N$=4kW

$\phi$600

3

排烟风机：YTDT27-5# $Q$=35
$H$=608Pa $n$=550rpa $N$=15

风机房

800×800

4

排风风机：T35-11-3.15 $Q$=3681CMH
$H$=186Pa $n$=2900rpa $N$=0.25kW

5

PY3

配电

70℃

$\phi$400

600×250

600×250

500×300

1460    3000

7
（未注同）

70℃全自动常开
防火风口800×800
预留洞900×900
底边距地0.5m

2500    3670

上

图 5-17  通风及防排烟平面图

1000  8000  1000  8000  3000  2700  2700

1400  6000  6000

**100**

**2. 具体操作过程**

1）清理建筑平面图

（1）删除建筑平面图中与暖通绘图无关的家具设备等；

（2）删除建筑平面图中与暖通绘图无关的标注；

（3）保留两层轴网标注；

（4）处理建筑底图颜色，可根据绘图习惯或具体绘图要求进行处理（建议：墙体，柱子 9 号色；家具、洁具、餐具等 8 号色；门窗及其余图层 252 号色）。

2）绘制风管平面图

（1）风管的绘制方法有如下两种：

① 菜单命令："风管"→"风管绘制"→从"风管布置"窗口中选择"管线类型"（通风、排烟、新风等），选择"风管材料"（钢板风道、镀锌钢板、塑料等），在"风量"位置输入计算的风量，选择"压力等级"和"截面类型"，设置"截面尺寸"（注：截面尺寸应从选择框内选取，非框内的尺寸为非国标风管尺寸），设置风管"中心线标高""水平偏移""升降角度"等数据。如图 5-18 所示。

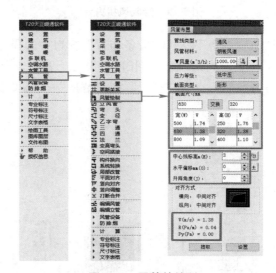

**图 5-18　风管的绘制**

② 命令行输入："FGHZ"，从打开的"风管布置"窗口中选择"管线类型"（通风、排烟、新风等），选择"风管材料"（钢板风道、镀锌钢板、塑料等），在"风量"位置输入计算的风量，选择"压力等级"和"截面类型"，设置"截面尺寸"（注：截面尺寸应从选择框内选取，非框内的尺寸为非国标风管尺寸），设置风管"中心线标高""水平偏移""升降角度"等数据。

注：① 输入计算的风量，在选择截面尺寸时，应注意框内的风速 $V$，单位阻力 $R$ 和风管总阻力 $P_y$ 的数据应符合规范要求。

② 根据风管绘制时标高设置的不同，天正暖通软件会在转接处自动生成立风管。

③ 风管颜色分别表示不同的暖通系统，如软件默认的：排风→橙色，排烟→黄色，新风→绿色，加压送风→红色等，风管颜色和系统对应可在初始设置时设置。

（2）绘制风机及暖通设备：

① 菜单命令：

a. "风管设备"→"管道风机"→从窗口中选择"所属系统"，选择"任意布置/管上布置"，选择"型号"，输入"长度"，在"设备参数"框内输入"风量、全压、功率"参数后可直接绘制出相应参数的轴流风机。如图 5-19 所示。

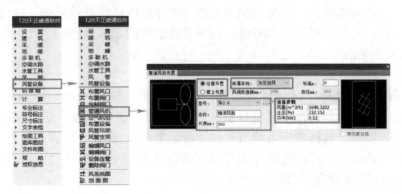

**图 5-19 绘制风机方法**

b. "风管设备"→"布置设备"→从"设备布置"窗口中选择需要的设备（也可自行绘制后定义设备增加到设备菜单内），输入"长度、宽度、高度、标高"等数据，在设备型号窗口内输入相应设备参数后，点击"布置"或"替换"按钮可直接绘制暖通设备。如图 5-20 所示。

注：双击设备可进行设备属性编辑。

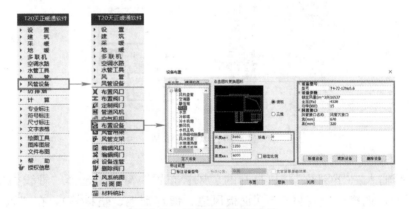

**图 5-20 绘制暖通设备方法**

② 命令行输入：

a. "GDFJ"，从打开的窗口中选择"所属系统"，选择"任意布置/管上布置"，选择"型号"，输入"长度"，在"设备参数"框内输入"风量、全压、功率"参数后可直接绘制出相应参数的轴流风机。

b. "BZSB"，从打开的窗口中选择需要的设备（也可自行绘制后定义设备增加到设备菜单内），输入"长度、宽度、高度、标高"等数据，在设备型号窗口内输入相应设备参数后，点击"布置"或"替换"按钮可直接绘制暖通设备。

（3）风管阀门的绘制：

① 菜单命令："风管设备"→"布置阀门"→从"风阀布置"窗口中选择需要的阀门图块，选择"任意布置/管上布置"，选择"系统"，设置"宽度，长度，高度"等参数后可直接绘制在风管上或单独绘制出阀门。如图 5-21 所示。

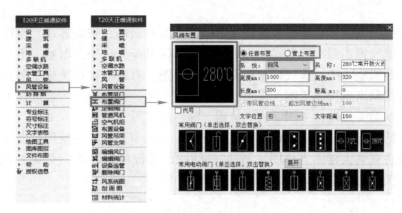

图 5-21　绘制风管阀门的方法

② 命令行输入："BZFM"，从打开的"风阀布置"窗口选择需要的阀门图块，选择"任意布置/管上布置"，选择"系统"，设置"宽度，长度，高度"等参数后可绘制风管阀门。

注：双击绘制的阀门可进行风阀的属性编辑。

（4）风口的绘制：

① 菜单命令："风管设备"→"布置风口"→从"布置风口"窗口中选择需要的风口图块，从下拉菜单选择系统类别，输入"长、宽、高、标高、角度"等参数，在"风速演算"中输入"总风量，面积系数"后可观察"风口风量"和"喉口风速"是否满足要求，在"布置方式"中选择需要的绘制方式后可直接绘制风口。如图 5-22 所示。

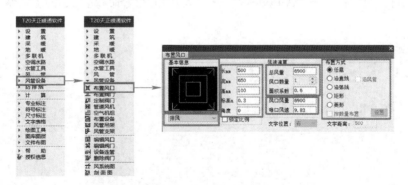

图 5-22　绘制风口的方法

② 命令行输入："BZFK"，从"布置风口"窗口中选择需要的风口图块，从下拉菜单选择系统类别，输入"长、宽、高、标高、角度"等参数，在"风速演算"中输入"总风量，面积系数"后可观察"风口风量"和"喉口风速"是否满足要求，在"布置方式"中选择需要的绘制方式后可直接绘制风口。

注：双击绘制的风口可进行风口的属性编辑。

任务 5.3 电气工程施工图

电气工程施工图主要是用来表达建筑中电气设备的布局、安装方式、连接关系和配电情况的图样。电气施工图按照其在工程中的作用不同可分为：变配电施工图、配电线路施工图、动力及照明施工图、火灾自动报警系统施工图、有线电视系统施工图、通信电话系统施工图、宽带网络系统施工图、视频监控系统施工图、无障碍呼叫系统施工图、广播系统施工图、建筑防雷接地施工图、机电抗震、绿色建筑等。

一套完整的电气施工图主要包括目录、电气设计说明、电气系统图、电气平面图、设备控制图、设备安装大样图（详图）、安装接线图、设备材料表等。本节主要介绍室内照明施工图的有关内容和表达方法以及弱电系统。

### 5.3.1 电气专业制图的一般规定

电气专业制图的一般规定可参照《建筑电气设计统一技术措施 2021》（中国建筑工业出版社出版），本教材不做赘述。

### 5.3.2 天正电气软件简介

天正电气界面介绍（演示软件为天正电气 V7.0/CAD 2021）：

天正电气安装完成后，将在桌面创建"天正电气"快捷方式图标。双击该图标，或在开始菜单中执行"程序"→"Autodesk"→"天正电气"命令。天正电气界面如图 5-23所示。

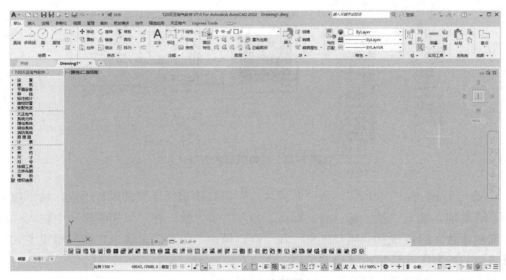

图 5-23　天正电气界面

天正电气主要功能也都列在"折叠式"三级结构的屏幕菜单上（图 5-24），单击上一级菜单中某个子项则可以展开下一级菜单，同级菜单相互关联，展开另一个同级菜单时，原来展开的菜单自动合拢。二～三级菜单是天正电气的可执行命令或者开关项，当光标移到菜单上时，状态行会出现该菜单功能的简短提示。有些菜单无法完全在屏幕显示，可用鼠标滚轮上下滚动菜单快速选取当前不可见的项目。

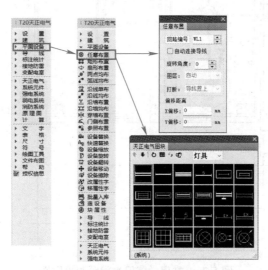

**图 5-24　天正电气"折叠式"菜单**

天正电气常用工具栏如图 5-25 所示，基本包括了天正电气绘图过程中常用的命令及快捷方式。

**图 5-25　天正电气常用工具栏**

### 5.3.3　室内电气照明系统施工图

**1. 任务**

绘制如图 5-26 所示的文理学院卫生间照明平面图。

电气照明施工平面图是在建筑平面图的基础上绘制而成的，其主要表明下列内容：

1）电源进户线的位置，导线规格、型号、根数和引入方法（架空引入时注明架空高度，从地下敷设引入时注明穿管材料、名称、管径等）。

2）配电箱的位置（包括主配电箱、分配电箱等）。

3）照明线路中导线的根数、型号、规格、线路走向、敷设位置、配线方式、导线的连接方式等，穿线器材的名称、管径。

4）各类电器材、设备的平面位置、安装高度、安装方法和用电功率。

5）从各配电箱引出回路的编号。

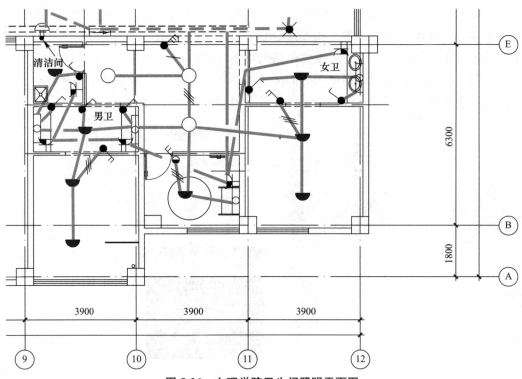

**图 5-26　文理学院卫生间照明平面图**

视频5.9
室内电气
照明平面
图绘制

**2. 具体操作过程**

1）处理建筑平面底图

（1）删除建筑平面图中与电气绘图无关的家具设备等；

（2）删除建筑平面图中与电气绘图无关的标注；

（3）保留两层轴网标注；

（4）删除建筑平面图中除防火门以外的门窗编号，设置柱子空心、粗线关闭、填充关闭等，如图 5-27 所示。

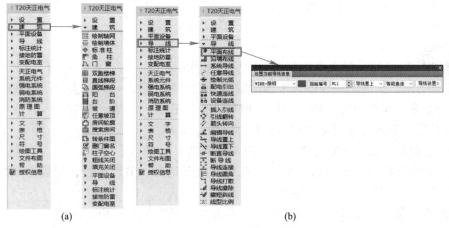

**图 5-27　天正电气菜单功能栏**

（a）"建筑"功能栏；（b）"导线"功能栏和"平面布线"菜单

（5）处理建筑底图颜色，可根据绘图习惯或具体绘图要求进行处理（建议：墙体，柱子 9 号色；家具、洁具、餐具等 8 号色；门窗及其余图层 252 号色）。

2）绘制电气照明平面图

（1）根据现行规范的照度值、功率密度值、灯具选定参数计算房间内的灯具数量。

（2）设备布置：

① 设备布置方式有任意布置、矩形布置、扇形布置、两点均布、弧线均布、沿线单布、沿线均布、沿墙布置、沿墙均布、穿墙布置、门侧布置、参照布置，根据功能分区、照明类型选择合适的布置方式，使得灯具的布置更加合理、照明更均匀。

② 灯具布置：

菜单栏点选"平面设备"→"矩形布置"或输入命令"JXBZ"，根据计算的灯具数量输入"行""列"数量，或是"行距""列距""行向角度""接线方式""图块旋转""距边距离"。

③ 设备连线：

菜单栏点选"导线"→"平面布线"或输入命令"PMBX"，选择导线信息为"WIRE-照明"，根据控制回路分别进行连线，如图 5-27（b）所示。

④ 回路标注：

标注灯具的用电回路，标明配电箱编号及回路编号，与其余回路区分。

⑤ 绘制系统图：

系统图应标明以下信息：

a. 建筑物内的配电系统的组成和连接原理。

b. 各回路配电装置的组成，用电容量值。

c. 导线和器材的型号、规格、根数、敷设方法，穿线管的名称、管径。

d. 各回路的去向。

e. 线路中设备、器材的接地方式。

图 5-28 为电气接线原理图，它表达了电气照明系统的电气器件的类型型号、安装要求、线路和配线要求。该照明系统图采用单线图表示，设备安装功率为 25.2kW，计算负荷为 25.2kW，计算电流为 42.6A。电源进线由 WLZM-3 引来。配电箱总开关为 KB-D/3P-63A 开关，配电箱总开关分成 18 条回路，其中 7 条为插座回路，6 条照明回路，5 条备用回路。插座回路采用 3 根截面积为 $4mm^2$ 的铜芯聚氯乙烯绝缘布导线，照明回路采用 3 根截面积为 $2.5mm^2$ 的铜芯聚氯乙烯绝缘布导线，均穿过管径为 20mm 的 FPVC 管，在地板和墙内敷设。

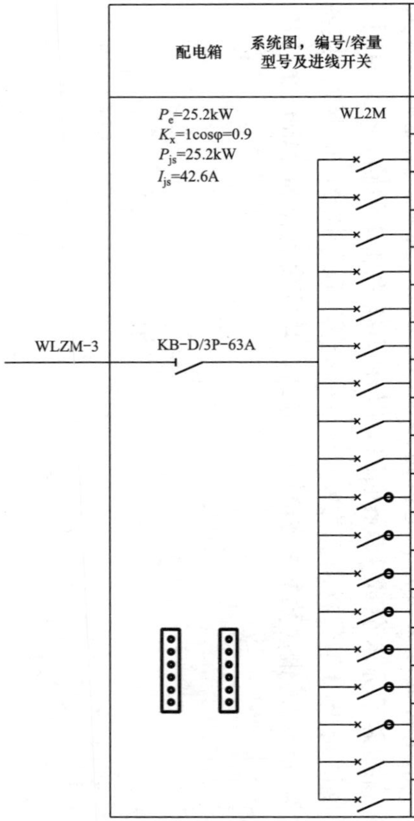

| 回路编号 | 回路开关 | 容量(kW) | 电流(A) | 供电区域 | 相序 | 出线 | 穿管、敷设 | |
|---|---|---|---|---|---|---|---|---|
| WL2M-1 | BH-D6/1P-16A | 1.2 | 7 | 卫生清洁间 | AN | BV-3×2.5mm² | FPVC-φ20 CT.PA.QA | 照明 |
| WL2M-2 | .. | 1.2 | 7 | 建筑测量实验室 | BN | .. | .. | .. |
| WL2M-3 | .. | 1.2 | 7 | 泰语办公室实验室 | CN | .. | .. | .. |
| WL2M-4 | .. | 1.2 | 7 | 多媒体专用教室(60人) | AN | .. | .. | .. |
| WL2M-5 | .. | 1.2 | 7 | 多媒体专用教室(60人) | BN | .. | .. | .. |
| WL2M-6 | .. | 1.2 | 7 | 中文教研室 | CN | .. | .. | |
| WL2M-7 | .. | | | 备用 | AN | | | |
| WL2M-8 | .. | | | 备用 | BN | | | |
| WL2M-9 | .. | | | 备用 | CN | | | |
| WL2M-10 | BV-DN/2P-20A/0.03 | 2 | 15 | 卫生间清洁间 | AN.PE | BV-3×4mm² | FPVC-φ25 CT.DA.QA | 插座 |
| WL2M-11 | .. | 2 | 15 | 建筑测量实验室 | BN.PE | BV-3×4mm² | FPVC-φ25 CT.DA.QA | |
| WL2M-12 | .. | 2 | 15 | 泰语办公室 | CN.PE | BV-3×4mm² | FPVC-φ25 CT.DA.QA | .. |
| WL2M-13 | .. | 2 | 15 | 实验室 | AN.PE | BV-3×4mm² | FPVC-φ25 CT.DA.QA | |
| WL2M-14 | .. | 2 | 15 | 多媒体专用教室(60人) | BN.PE | BV-3×4mm² | FPVC-φ25 CT.DA.QA | .. |
| WL2M-15 | .. | 2 | 15 | 多媒体专用教室(60人) | CN.PE | BV-3×4mm² | FPVC-φ25 CT.DA.QA | |
| WL2M-16 | .. | 2 | 15 | 中文教研室 | AN.PE | | | |
| WL2M-17 | BH-D6/3P-20A | | | 备用 | ABCN.PE | | | |
| WL2M-18 | BH-D6/3P-25A | | | 备用 | ABCN.PE | | | |

配电箱 系统图，编号/容量 型号及进线开关

WL2M

$P_e=25.2\text{kW}$
$K_x=1\cos\varphi=0.9$
$P_{js}=25.2\text{kW}$
$I_{js}=42.6\text{A}$

KB-D/3P-63A

WLZM-3

图 5-28 电气接线原理图

# 项目六

## 装饰工程CAD应用

 **素质目标**

装饰工程 CAD 应用主要涉及装饰设计制图、三维建模、方案比较和调整、图纸和施工图制作以及材料和装饰品选择等方面，本项目的学习和应用应该注意：

- 设计师和工程师应遵守的职业道德，如诚信、责任、公正等。
- 具备高度的专业素养，对装饰工程的设计、施工和管理有深入的理解和掌握。
- 结合中国传统建筑和装饰艺术，理解和欣赏传统文化的魅力，并在此基础上进行创新设计。
- 具有创新精神和创意思维，装饰工程 CAD 设计中展现独特的艺术风格和审美观念。
- 注意环保和可持续发展的理念，设计中选择环保材料、优化设计方案以减少能源消耗和环境污染。
- 在设计、施工和管理过程中始终关注安全和质量问题，确保装饰工程的安全和质量。

**技能目标**

- 了解装饰工程施工图的材料、构造、工艺等基础知识；
- 认识不同类型、不同特征的材料以及对应的施工工艺与图示；
- 掌握使用 AutoCAD 绘制装饰工程施工图的基本流程，掌握基本绘图工具的使用；
- 掌握装饰工程施工图的平面、立面、剖面图的绘制基本方法；融会贯通、举一反三，争取能在一定时间范围内，熟练绘制一套装饰工程施工图。
- 逐步养成绘制装饰工程施工图之前做好准备工作，在绘制装饰工程施工图的过程中要做好平面图、立面图、剖面图、效果图、工艺和材料之间的融合，在绘制完成装饰工程施工图之后要做好对标、对表，确保施工图的准确性。

## 任务 6.1 装饰工程 CAD 应用概述

首先，CAD 软件在装饰设计制图方面的应用能够辅助设计师进行更高效、更精确的制图工作。相比传统的手绘制图，CAD 软件可以大大减少制图时间和避免误差，通过采用 1∶1 比例制图，有效解决了多比例布图所导致的数值换算问题。此外，CAD 软件还能够实现 DWG 格式文件的转换，将对各种格式的图片进行重组，提高了制图工作的效率和效果质量。

其次，CAD 技术为设计师提供了三维建模的能力，可以模拟出建筑物的外观和内部结构。通过调整视角和灯光效果，设计师可以更直观地了解设计方案的效果，并作出相应的修改。这种三维建模功能有助于设计师提前预测可能存在的问题，从而优化设计方案。

在方案比较和调整方面，CAD 技术允许设计师快速、准确地创建不同的设计方案，并进行对比分析。设计师可以通过改变材料、颜色、纹理等参数以及调整建筑物的布局和比例等，来比较不同设计方案的效果，从而选择出最优方案。

最后，CAD 技术还能够快速、准确地制作图纸和施工图。一些插件也能辅助施工图绘图，生成的施工图精确而清晰，方便施工人员进行施工操作。同时，CAD 软件还与其他平台链接，为设计师提供了更多材料和装饰品选择的可能性，有助于设计师在设计中进行在线匹配和调整。

总体来说，CAD 软件在装饰工程中的应用，极大地提高了设计效率和质量，为设计师提供了更多的设计可能性。然而，在使用 CAD 软件进行装饰设计时，设计师也需要具备一定的专业知识和操作技能，掌握装饰行业规范，以确保设计方案的准确性和可行性。

根据房屋的使用特点和业主（使用者）的要求，请室内设计人员或装饰公司对建筑工程图或房屋现场勘测图的基础上进行再次设计，称为装饰设计，由此而绘制的施工图称为装饰工程施工图。装饰工程施工图与建筑施工图一样，均是按国家有关现行建筑制图标准，采用相同的材料图例，按照正投影原理绘制而成的。虽然装饰工程施工图与建筑施工图在绘图原理和图示标识形式上有许多方面基本一致，但是由于专业分工不同，图示的内容不同，还是存在一定差异。因而装饰工程施工图与建筑施工图相比，具有如下五个方面的特点：

1. 装饰工程施工图是设计师与客户共同完成的设计作品，既有设计师的专业知识与业主使用需求相融合，业主或委托人参与了设计各阶段，因此装饰工程施工图必须得到双方的共同认可。

2. 装饰工程施工图既要遵从专业规范与标准，又要便于沟通。因此设计的图纸要参照专业标准和图示，也需要把图示做得更加形象生动，便于与专业人士交流，也适应非专业人士的识读。

3. 装饰工程施工图的材料多、款式多、施工构造做法也多；因此在装饰工程施工图绘图过程，要标注准确，构造图示要清晰。

4. 随着新材料、新工艺的出现，导致施工方式的变化，对应的施工图也要做相应的调整，以应对装饰行业的更新迭代。

5. BIM 技术、人工智能、AI 技术等新兴技术正在快速进入装饰行业，必然使专业分工更加细化，内容更加丰富。

## 6.1.1　装饰工程施工图的组成

装饰工程施工图一般由效果图、建筑装饰施工图和建筑装饰设备施工图组成，其中建筑装饰工程施工图中包含平面图、立面图、剖面图、构造或节点详图（大样图）等。一套完整的装饰施工图册如图 6-1 所示。

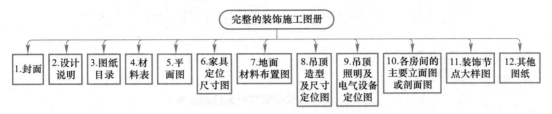

图 6-1　完整的装饰施工图册

## 6.1.2　装饰工程平面图

装饰平面图包括原始平面图、平面布置图、墙体定位图、地面材料布置图、吊顶造型及尺寸定位图、吊顶照明及电气设备定位图、强弱电布置图、立面索引及门窗编号图、墙面材质索引图，这些图纸都是建筑装饰工程进行施工放样、制作安装、预算备料以及绘制立面图、详图、设备施工图的重要依据，如图 6-2 所示。

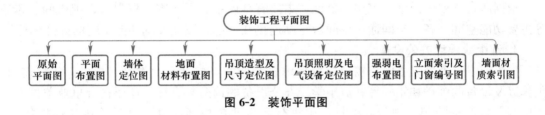

图 6-2　装饰平面图

## 6.1.3　装饰工程平面布置图绘图顺序

平面布置图包括建筑平面基本结构及尺寸、装饰结构的平面形式和位置、室内外配套装饰设置的平面形状和位置、装饰结构与配套的尺寸标注以及装饰识图符号，为了便于识图，还应标注剖切、索引、投影符号；也应配备房间的名称、饰面材料、构造做法，最后需要添加图名、比例、图号等信息。

为了让大家对图纸有更加深入的学习，简要介绍装饰工程平面布置图的绘图步骤及相关要点，总共分为三部分，第一部分是绘制平面布置图之前的准备工作，第二部分绘制平面布置图，第三部分绘制平面布置图之后的巩固完善。本教材重点介绍第二部分绘制平面布置图的步骤和要点：打开 CAD 软件，打开"A3 样板 .dwg"文件模板，按照"设置绘图环境→轴线→墙体→窗户→柱子→门→尺寸标注→图名比例"的顺序绘制基本图纸内容，在前图绘制的基础之上，再进行室内空间布置，其绘图顺序为"打开图纸→墙体改造→功能空间名称→布置家具与绿化→添加剖切索引投影等符号"。装饰工程平面布置图绘图顺序如图 6-3 所示。

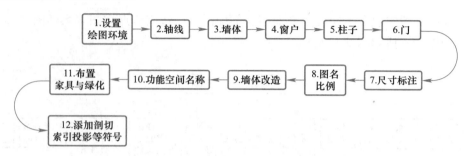

图 6-3 装饰工程平面布置图绘图顺序

---

## 任务 6.2　绘制建筑装饰工程平面布置图

### 6.2.1　绘制平面布置图之前

**1. 功能分区**

根据所在楼层的图纸，该层办公区，主要有会议室、办公室、资料室、卫生间、走廊等主要功能空间，各个空间通过中间额走廊连接在一起，以此实现功能学院的办公运行。

**2. 选配或设计办公设备**

选配或设计办公设备时，需要综合考虑多个因素，包括企业类型、规模、实际需求、预算以及设备的维护和维修等。对于学校办公设备的选配与设计，还要符合事业单位办公用房与办公设备的相关规定，根据《中央行政事业单位通用办公家具规格和性能指南》（国管资〔2023〕197 号）和《中央行政单位通用办公设备家具配置标准》（财资〔2016〕27 号）以及各级政府发布的指南选配设备与布置家具，其他单位可以参照此标准或业主的意见进行选配设备和布置家具。如果根据工作需要，也可以配置新型的办公设备。提前了解办公设备、家具的性能特点、安装要求、使用规范以及对应设备的三视图，为后面的平面图、立面图绘制提供支撑。

### 6.2.2　绘制平面布置图的案例演示

为了更好的说明平面布置图的绘图技巧与方法，本教材以教学楼中的第四层平面图为例（以下简称"项目"），第一步：根据业主的需求进行功能分区，墙体改造；第二步：布置各办公空间；第三步：标注办公空间平面布置图；第四步：检查平面布置图是否完整、规范。

**视频6.1**
**墙体改造**

**1. 根据业主的需求进行功能分区，墙体改造**

该层原始平面图中，有两个会议室，三间领导办公室，九间普通办公室，还有两间资料室，中间为走廊，两边为办公室，采光充足，设计合理。经过仔细推敲，需要做两组改造，第一处：四层电梯口的区域较大，便于师生来访与交流，在此区域停留时间较长，在电梯间的对面适合布置一面文化墙，满足师生了解学院，寻找自己需要去的办公室位置的导视牌，但是学院会议室的大门（M1521）刚好在此区域，便于设计文化墙，因此需要把此门设计成隐形门。第二处：30 人的大会议室的大门（M1521）位于两头，不便于设计展示台，因此需要把大门（M1521）的位置由⑦号轴向⑧号轴的方向移动 3200mm，如图 6-4 中标注的区域所示，完成的平面布置图见◎附图 17。

绘图步骤：平面图改造→布置办公空间各区域→标注办公空间平面布置图。

首先要做的平面图改造，如图 6-5 和图 6-6 所示。

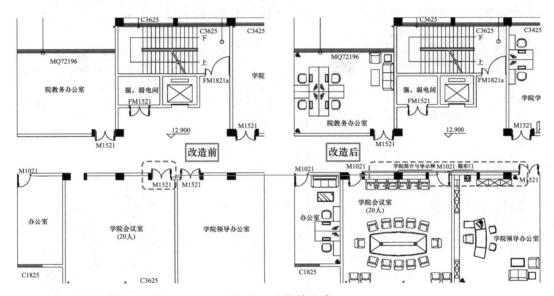

图 6-5　文化墙改造

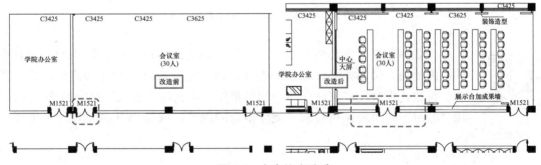

图 6-6　大会议室改造

1）CAD 替换门的方法

首先将"WALL"图层设为当前图层。删除"M1521"门扇，选择外墙线和学院领导办公室门垛线，输入"EX"延伸命令延伸至墙垛的右边竖线，在学院办公室和学院领导办公室 1 中间横墙，输入"EX"延伸命令横墙延伸至外墙线，再把横墙的门垛边线移动（"M"）至外墙，做成两个门洞。再用"TR"修剪命令，修剪门洞。输入"CO"复制命令，复制"M1021"型号门至两个门垛位置。

2）CAD 绘制学院简介与导视牌的方法

输入"L"直线命令，从学院会议室门的右边缘开始绘制直线至学院领导办公室门洞的左边缘，并向外延伸至 100mm，并在学院会议室"M1021"型号门做成隐形门。便于制作学院简介和导视牌。另外，用上面的同样方法修改会议室门的位置。

**2. 布置各办公空间**

1）学院领导办公室 2

学院领导办公室的主要有办公、会客、休息等功能，因此要选配满足此功能的家具与设备，选配办公桌、办公椅、沙发、茶几、绿化等，定制文件柜，便于存储办公文件，展示学校（企业）的文化。学院领导办公室 2 布置如图 6-7 所示。

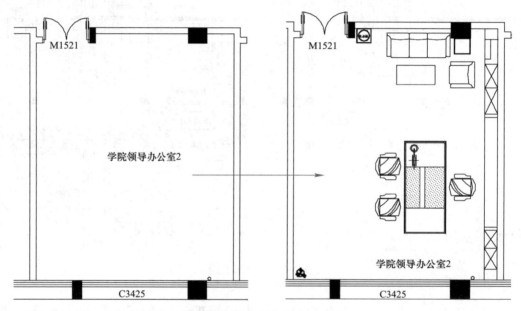

**图 6-7　学院领导办公室 2 布置**

视频6.2
布置办公室

布置办公桌、办公椅、沙发、茶几、绿化设施都可直接调用配套素材中的相关图块。例如办公桌和办公椅直接调用配套教材中的办公桌椅，移动至合适位置，再利用"旋转"命令调整角度，再利用"缩放"命令调整其尺寸，用"分解"将组块家具打散，删除多余的细节，或添加其他元素。具体详见操作视频。

2）布置教师办公室 1

本案例中的教师办公室，为了满足教师备课、上课以及与学生交流等功能，因此采用开敞式布置，模块化组合，便于教师工作的需要，进行合理化的组合。该办公室采用一个模块，可以采用 4 人为一组的办公组合方式，也可以采用前后排列的办公组合方式。

布置办公桌、办公椅、沙发、茶几、绿化设施都可直接调用配套素材中的相关图块。再用"旋转""复制""缩放"等命令布置该空间的家具，如图 6-8 所示。

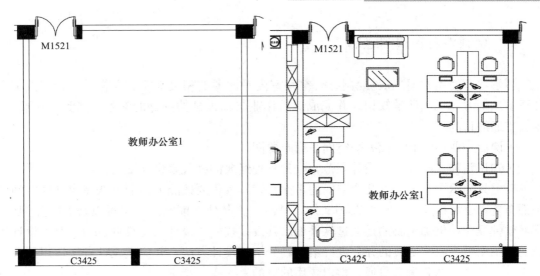

**图 6-8 教师办公室 1 布置**

3）布置会议室

本项目中有"学院会议室"和"会议室"两个用于开会的地方，学院会议室较小，本文以"小会议室"命名，与另外一个会议室区别，可以用布置教师办公室的方法布置，但是"会议室"比较大，要满足多人开会，展演、报告等功能，因此需要重点设计。

绘图步骤如图 6-9 所示，首先根据其功能，再进行功能分区，分为观看区、展示区、通道区等功能区，然后从模块中插入"座椅"图块，再用"缩放"命令，调整座椅大小，用"阵列"命令布置观看区的座椅，再用画线工具绘制绘图区的桌子，绘制展示区的平台、台阶以及两旁的装饰构造，最后用"LE"命令绘制引线，标注其装饰构造名称。

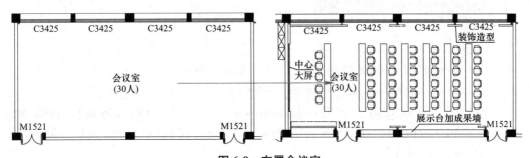

**图 6-9 布置会议室**

**3. 标注办公空间平面布置图**

标注平面布置图中的功能空间名称、尺寸、材料、引出标注、详图等标注信息。◎参照图 6-5 和附图 17 的标准绘制。

**4. 检查平面布置图是否完整、规范**

按照制图标准，检查平面布置的功能分区是否合理、家具布置是否妥当、绿化和设备是否满足办公需求、走廊和电梯是否符合相关规范、尺寸标注是否准确、施工人员是否明白标注说明等问题。

视频6.3
布置会议室

视频6.4
标注平面布置图

### 6.2.3 绘制平面布置图之后

再学习了使用 CAD 软件绘制办公空间室内平面图的相关知识和操作后，希望大家在课下多加练习，巩固所学知识。并完成课后作业与知识延伸部分的学习，达到举一反三、融会贯通的目的。

- 课后作业：绘制一幅办公空间平面布置图。
- 知识延伸：阅读相关设计规范，收集整理经典的办公室设计案例。

以上只演示了其中的某几个空间的平面布置，大家要按照上面的方法完成其他空间的平面布置，也可以结合教材的案例文件，灵活布置其他功能空间，也可以观看操作视频，学习软件操作，更加重要的是通过软件展示其设计技能，设计出更具创意的、符合设计规范的施工图纸。收集经典的办公设计案例，分析其设计方法，并应把设计方法运用到自己的设计方案中，达到融会贯通，学以致用的目的。

## 任务 6.3 绘制建筑装饰工程地面材料布置图

办公室的地面选材要与装修风格相关，不宜花哨，一般情况下，公共区域地面材料多选用地砖或其他容易打理的材料，而领导办公室的地面多选用相对安静、柔和、舒适的木地板和地毯，本方案中选用地面材料有：1200mm×90mm×8mm 的强化木地板，600mm×600mm 的瓷砖，300mm×300mm 防滑地砖，咖啡色大理石、波打线和门槛石。

### 6.3.1 绘制地面材料布置图之前

**1. 木地板常用规格**

1）实木 UV 淋漆地板规格一般有：450mm×60mm×16mm、750mm×60mm×16mm、750mm×90mm×16mm、900mm×90mm×16mm 等。

2）实木复合地板规格一般有：910mm×125mm×15mm（12mm）、1802mm×303mm×15mm（12mm）、1802mm×150mm×15mm、1200mm×150mm×15mm 以及800mm×20mm×15mm 等。

3）强化木地板规格较为统一，一般都是 1200mm×90mm×8mm，也有厚度 7mm 的产品。

**2. 瓷砖的常用规格**

内墙砖（空间小）：300mm×600mm（0.18m$^2$）、400mm×800mm（0.32m$^2$）、600mm×1200mm（0.72m$^2$）等；适用于卫生间、厨房、阳台等场景。

内墙砖（空间大）：400mm×800mm（0.32m$^2$）、600mm×600mm（0.36m$^2$）、800mm×800mm（0.64m$^2$）、600mm×1200mm（0.72m$^2$）、750mm×1500mm（1.125m$^2$）、900mm×1800mm（1.62m$^2$）、1200mm×2400mm（2.88m$^2$）等；适用于客厅、餐厅、卧室、走

廊、大厅等场景。

地砖（小面积）：300mm×300mm（0.09m²）、400mm×400mm（0.16m²）、600mm×600mm（0.32m²）等；适用于卫生间、厨房、阳台等场景。

地砖（大面积）：600mm×600mm（0.32m²）、800mm×800mm（0.64m²）、600mm×1200mm（0.72m²）、750mm×1500mm（1.125m²）、900mm×1800mm（1.62m²）、1200mm×2400mm（2.88m²）等；适用于客厅、餐厅、卧室、走廊、大厅等场景。

外墙砖：25mm×25mm（0.000625m²）、30mm×30mm（0.0009m²）、45mm×45mm（0.002025m²）、45mm×95mm（0.004275m²）、45mm×145mm（0.006525m²）、95mm×95mm（0.009025m²）、100mm×100mm（0.01m²）、100mm×200mm（0.02m²）、150mm×300mm（0.045m²）、200mm×200mm（0.04m²）、300mm×600mm（0.18m²）、600mm×900mm（0.54m²）等。

瓷砖规格尺寸和相互切割的关系如图 6-10 所示。

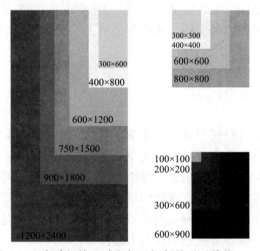

图 6-10　瓷砖规格尺寸和相互切割关系（单位：mm）

### 6.3.2　绘制地面材料布置图的案例演示

按照地面材料布置图的内容，打开 ⊘ 图 6-5 平面布置图，删除或隐藏各个空间中的家具和尺寸标注图层，保留空间名称，然后按照如下步骤进行操作。

1. 关闭"尺寸标注"和"家具"图层，利用"移动"命令，将绘图区中的所有图形对象移动到合适位置，然后打开这两个图层，则尺寸标注和家具与原图形分离。采用窗交法选中所有尺寸标注和家具并按"Delete"键删除。最后删除不需要的门图形，并利用"直线"命令绘制门洞口的连线。

2. 利用"图案填充"命令绘制各办公区域地面的材料图案。各区域的填充图案、比例和角度设置如下：

瓷砖：填充图案为"NET"，比例为"1200"，角度值为"0"。

实木复合地板：填充图案为"DOLMIT"，比例为"600"，角度值为"0"。

波打线和门槛石：填充图案为"混凝土"，比例为"30"，角度值为"0"。

视频6.5 绘制地面材料布置图

防滑地砖：填充图案为"NET"，比例为"600"，角度值为"0"。

3. 双击文字"教师办公室"，进入编辑界面后将光标移至"室"的右面，然后单击"文字编辑器"选项卡"段落"面板中的"居中"按钮，即可将该行文字居中显示，接着按回车键换行，最后输入地面材料名称"600mm×600mm 黄色地砖"。输入完成后在绘图区其他位置单击，退出文字的编辑状态。

4. 双击文字"办公室"，采用同样的方法，依次注写其他区域的地面材料，然后利用"移动"命令或文字上的夹点，将文字移动到所处区域的中心位置，最后标注尺寸，结果见 ◎ 附图 18。

在注写办公室地面材料时，可利用多重引线引出所注位置。单击"注释"选项卡"引线"面板右下角的按钮，打开"多重引线样式管理器"对话框，然后修改"Standard"样式，即在"引线格式"选项卡中将引线箭头设为"小点"，大小设为"3.5"；在"引线结构"选项卡中将比例设为"100"；在"内容"选项卡中，将多重引线类型设为"无"，最后利用"多重引线"命令绘制引线，并将办公室地面的名称及材料文字复制到引线的合适位置即可。

### 6.3.3 绘制地面材料布置图后

通过绘制办公室地面的材料布置图，在学生明白了布置地面材料之前，要了解材料的规格、尺寸、工艺等知识，还需要根据功能空间的需要调整其材料的内容，案例演示了其中某空间的绘图方法，学生可以按照此方法绘制其他空间地面材质。同时在不同的装饰公司中，在制图标准的规范之下，还有更加详尽的制图标注，大家可以在课余时间，收集经典的办公空间地面材料布置图，学习其绘图技巧，再完善自己的施工图。

- 课后作业：绘制一幅办公室地面材料布置图。
- 知识延伸：学习了解材料属性和规格。收集整理经典的办公室地面材料布置图案例。

### 任务 6.4 绘制建筑装饰工程吊顶布置图

### 6.4.1 绘制吊顶布置图之前

办公室装修中，吊顶的设计应以简单为主，常用的顶棚材料有以下几种：

1. 石膏板和矿棉板

石膏板和矿棉板的装饰效果基本相同，但是矿棉板的耐损性、保温性和吸声性等都比石膏板好，当然，价格也比石膏板高。另外，矿棉板比石膏板轻。

2. 铝（钢）网格

这种材质的吊顶一般用在过道，但也有被用于开敞式办公室和员工活动区域的。这种吊顶通常是用铝合金制作的，表面多为喷涂或烤漆，颜色和品种比较多，且网格的大小可根据需要定做。

**3. 木质装饰板**

首先应在吊顶的基层设置木龙骨，然后将这些木质装饰板附着于木龙骨上。木质装饰板品种繁多，常见的有胡桃木三合板、樱桃木三合板、柚木三合板等，因为这些装饰板木纹各异，又能体现很自然的风格，所以非常受欢迎。但是要注意在办公室装修中大量使用木质装饰板对消防的影响。

**4. 烤漆铝扣板**

烤漆铝扣板是一种新式的材料，以耐用著称，但是隔声性能不太好，而且价格较高。

**5. 铝塑板**

铝塑复合板是由多层材料复合而成，上下层为高纯度铝合金板，中间为无毒低密度聚乙烯（PE）芯板，其正面还粘贴一层保护膜。对于室外，铝塑板正面覆涂聚偏二氟乙烯（PVDF）涂层。

## 6.4.2　绘制吊顶布置图的案例演示

打开⊗图 6-5 平面布置图，删除或隐藏各个空间中的家具和尺寸标注图层，保留空间名称。由于会议室和卫生间的顶部不同，其他吊顶布置都是用轻钢龙骨加矿棉吸声板，因此以"学院会议室"为案例，演示绘制吊顶的步骤，具体步骤如下：

1. 打开"地面材料图.dwg"文件，将其另存为"吊顶平面图.dwg"，然后利用"移动"命令和图层的关闭功能，删除图中不需要的尺寸标注、地面材料图案和各区域的名称。

2. 将"地面材料"图层名称改为"吊顶"，并将其置于当前图层，根据"学院会议室"平面图，分割为 3 个照明区域，第一是会议桌对应的顶部区域，第二是靠窗部分，第三是陈列展示部分。并用"直线"命令按照图 6-11 所示绘制吊顶。

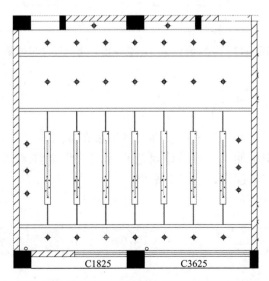

**图 6-11　学院会议室（小会议室）吊顶布置图**

3. 填充磨砂玻璃材质，填充图案为"AR-CONC"，比例为"50"，角度值为"0"。并用"多重引线命令"标注"磨砂玻璃"的材质。

4. 布置灯具，新建"灯具"图层，并将其置于当前图层。采用"直线"命令，然后插入筒灯图块，用移动命令把图块移动至所在区域，并用阵列命令出其中一个区域的筒灯，再用"复制"命令把此灯复制到其他几个区域，具体尺寸如图 6-12 所示，天花布置图见  附图 19。

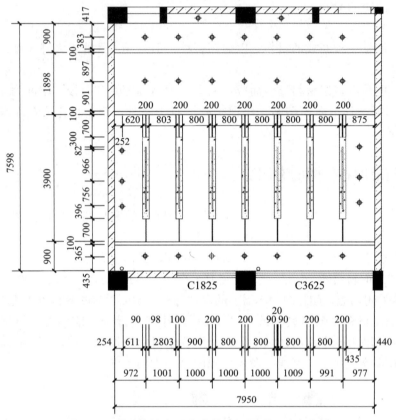

图 6-12　学院会议室（小会议室）吊顶尺寸定位图

### 6.4.3　绘制吊顶布置图之后

• 课后作业：绘制一张办公室吊顶布置图。

• 知识延伸：学习设计规范与标准；收集整理常见的吊顶设备和材料，整理办公室吊顶设计的经典案例。

## 任务 6.5　绘制建筑装饰工程立面图

装饰工程立面图包括室外装饰立面图和室内装饰立面图，室外装饰立面图是将建筑物装饰后的外观形象,向铅直投影面所作的正投影图,它主要表明屋顶、檐口、外墙面、门头与门面等部位的装饰造型、装饰尺寸和饰面处理以及室外水池、雕塑等建筑装饰小品布置等内容。室内装饰立面图主要表明建筑内部某一装饰空间的立面形式、尺寸及室内配套布置等内容。正对立面投影按轴线阴角拆开,如遇到轴线两边延伸至室外,则扩展墙体,变成剖面投影法,各界面之间联系紧密,又不易漏项,因而应用较多。

室内立面图应包括投影方向可见的室内轮廓线和装修构造、门窗、构配件、墙面做法,固定家具、灯具、装饰物等(室内立面图的吊顶轮廓线,可根据具体情况只表达吊顶或同时表达吊顶及结构顶棚)。绘图中需要注意建筑装饰立面图的线型选择和建筑立面图基本相同,唯有细部描绘应注意力求概况,不能喧宾夺主,用细单线描绘细节部分,以增强画面的可识别性。绘图时还需注意如下内容:

1. 图名、比例和立面图两端的定位轴线及其编号应与平面图对应。

2. 在装饰立面图上使用相对标高,即以室内地面为标高零点,并以此为基准来标明装饰工程立面图上的有关部位的标高。

3. 表明室内外立面装饰的造型和式样,并用文字说明其饰面材料的品名、规格、色彩和工艺要求。

4. 表明室内外立面装饰造型的构造关系与尺寸。

5. 表明各种装饰面的衔接收口形式。

6. 表明门窗、花格、装饰隔断等设施的高度尺寸和安装尺寸。

7. 表明室内外景观小品或其他艺术造型体的立面形状和高低错落位置尺寸。

8. 表明室内外立面上的所用设备及其位置尺寸和规格尺寸。

9. 表明详图所示部位及详图所在位置,标明墙身剖面图的剖面符号。

10. 注意家具与室内配套产品的安放位置、吊顶造型位置和相关尺寸。

## 6.5.1 绘制装饰工程立面图之前

办公环境属于一种理性空间,应显出其严谨、沉稳的特点。对于办公室的装修,在装饰上不宜堆砌过多材料,画龙点睛的设计方法常能达到营造良好办公气氛的效果。办公室的墙面装饰材料常用乳胶漆、墙纸、墙布、大理石、铝塑板、装饰画等,也可以镶嵌不同的材料,以达到不同的装饰效果图。

绘制装饰工程立面图之前,需要熟悉装饰工程立面图的尺寸、材料、结构、工艺,为了更好的展现会议室的特色,因此需要搭配装饰画和一些电器设备。

立面材料:墙纸、铝塑板、大理石、木条、乳胶漆。

立面灯具:暗藏灯带、射灯、筒灯。

电器设备:150 寸 LED 显示屏为 16:9 的长宽尺寸是 3370mm×1870mm,面积大概为 6.3m$^2$。LED 显示屏是无缝拼接屏,是由一块块的模块组合、拼接而成,其显示效果细腻高清、色彩均匀逼真,易于安装,维保便捷,经久耐用,节能环保等优点,用在会议正中立面,便于展示,同样在背部工艺之中要注意散热。

### 6.5.2　绘制装饰工程立面图的案例演示

以项目中的会议室为例，介绍会议室四个（A、B、C、D）立面，其中 D 立面是会议室的主席台背景墙，B 立面图是主席台对面那面墙，C 立面墙是会议室的成果展示柜那面墙（C 立面是会议室靠窗那面墙）。

绘制大会议室（图 6-13）的主席台立面墙，该立面墙三个重要部分，分别是两边的浅灰色墙纸，和木方刷白乳胶漆装饰，中间是用于展示之用的 150 寸电子屏，电子屏的四周镶嵌大理石。要绘制如上立面图，可以按照以下方法进行操作。

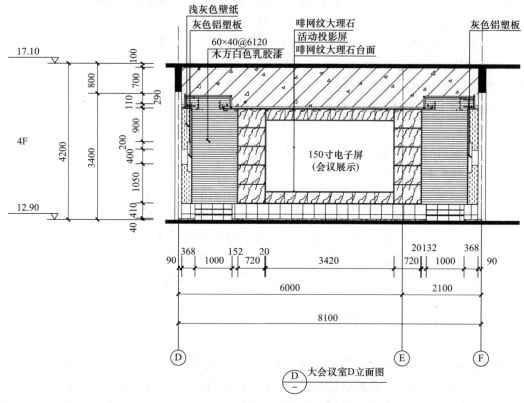

图 6-13　大会议室 D 立面图

1. 打开素材文件"平面布置图 .dwg"文件，然后将其另存为"大会议室 D 立面图 .dwg"，关闭"尺寸标注"和"幅面线"图层，然后采用窗交法选中绘图区中的所有图形对象，最后输入"B"并回车，利用打开的"块定义"对话框将所选对象转换为块，将基点为绘图区中的任意一点。

2. 选中上步所转换的图块，然后输入"CL"并回车，根据命令行提示依次选择"新建边界"和"长方形"选项，接着在绘图区域拾取两点，以选择要裁剪的区域，效果如图 6-14 所示。

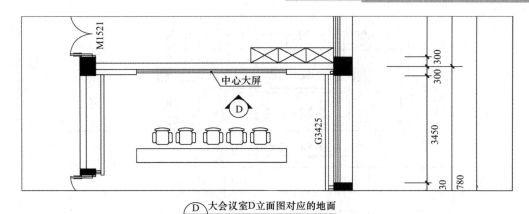

图 6-14 大会议室 D 立面图对应的地面

3. 如图 6-15 所示，绘制定位轴线，工具栏→立面网络→轴线间距→左层线间距→层轴标注，绘制出立面图轴网。并在"轴网标注"和"层轴标注"中添加尺寸，并与会议室的顶面、地面图对应。

4. 利用"直线"和"偏移"命令绘制 D 立面图的轮廓，其最上面的水平线表示楼板的上表面，该直线与其下方高度为"3200"的直线的距离合适即可。

由吊顶平面布置图可知，会议室的吊顶高度为 3000mm，隐藏灯带部分的标高为 3200mm，因此在绘制会议室的立面图的轮廓时，一定要保持吊顶的高度尺寸与吊顶平面布置图中的标高尺寸一致。立面图中，吊顶以上，楼板以下的部分，其高度在实际施工中没有太大的意义，因此在绘图时，这部分高度尺寸合适即可。

5. 采用同样的方法，将前面绘制的吊顶平面图转化为图块，然后利用"复制（Ctrl＋C）"和"粘贴（Ctrl＋V）"，将该图复制并粘贴到当前绘图区中，并使其与立面图中的对应图线对齐，最后利用"裁剪"命令裁剪出如图 6-16 所示区域。

6. 利用"修剪"命令修剪出立面图的外轮廓，然后将 D 立面图中的吊顶部分直线向下偏移 350mm，接着利用"射线"命令自顶棚平面图中引出吊顶造型轮廓线，最后根据吊顶构造示意图，利用"修剪"命令修剪出 D 立面图所示的吊顶造型。

7. 将 D 立面图中的吊顶区域向上绘制直线，具体尺寸参照 D 立面的尺寸标注，做出吊顶以上的楼面层，然后利用"修剪"和"删除"命令修剪出吊顶至楼面层的轮廓线，最后对其进行图案填充，楼板和梁填充"SOLID"，填充比例为"1"，角度值为"0"；吊顶以上至楼板以下区域，填充图案为"钢筋混凝土"，填充比例为"100"，角度值为"0"。

8. 绘制吊顶以下至踢脚线的区域，用直线命令绘制采用灰色铝塑板制作的装饰造型，然后用"直线"命令绘制出浅灰色壁纸、木方、大理石、电子屏的轮廓区域。然后用"直线"和"修剪"命令绘制木方、大理石细部区域，最后用"直线"和"修剪"命令绘制主席台、台阶、踢脚线、楼板区域，具体的尺寸见会议室 D 立面图的尺寸标注。最后对其进行图案填充。楼板填充"SOLID"，填充比例为"1"，角度值为"0"；踢脚线填充"混凝土"，填充比例为"100"，角度值为"0"；浅灰色壁纸部分填充"DISH"，填充比

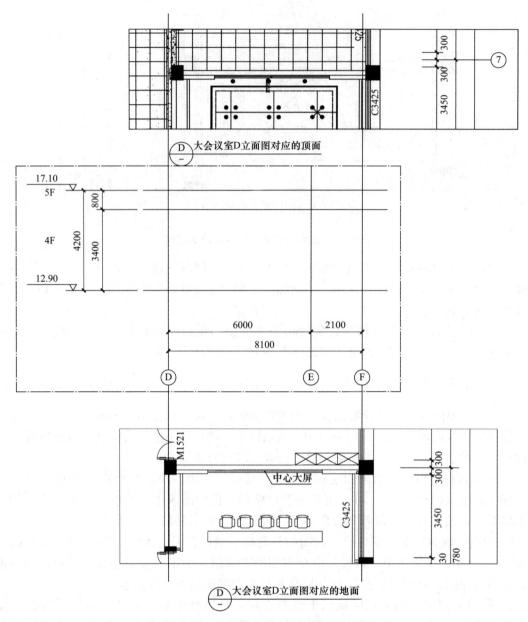

图 6-15　大会议室 D 立面绘制定位轴线

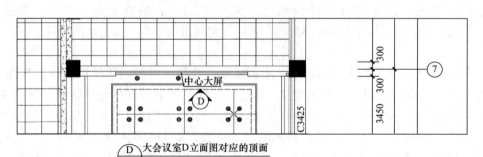

图 6-16　大会议室 D 立面图对应的顶面图

例为"500"，角度值为"90"；大理石填充"大理石"，填充比例为"50"，角度值为"0"；对于木方，可以采用直线工具绘制一个木方，再用"阵列""修剪"命令完成此区域的绘制。

9. 添加材料标注和尺寸有两种方法，第一种是 AutoCAD 绘图法，首先设置"多重引线样式"，修改引线格式中的箭头符号为"建筑标记"；内容中的多种引线类型，由"多行文字"改为"无"，选择"置为当前"，在标注中找到"标注"中的"多重引线"命令，绘制引线符号，再用"文字"命令，输入各类材料的名称和规格。第二种是利用中望插件，在工具中找到"文表符号"→"引出标注"→"引出标注文字"中的上标注文字或下标注文字区域输入材料的名称、规格即可。利用 CAD 中的标注命令进行标注，也可以用中望插件中的"逐点标注"命令进行标注。

10. 插入图名和图框，在工具中找到"文表符号"→"详图符号"绘制图号→"图名标注"填写立面图名称和比例，修改完善图名和比例。同时，可以利用"插入"命令插入图框，也可以插入中望自带图框，其方法如下：在工具中找到"文件布图"→"插入图框"→选择适合自己图形内容的图框，并修改标签栏信息。在会议室 D 立面图对应的地面和顶面加入索引号，在工具中找到"图块图案"→"图库管理"→"建筑平面图"→"图例符号"→"常用符号"→单个箭头指示符号，插入平面图之中，再调整其内容。至此，会议室 D 立面图绘制完成。会议室的A、B、C 立面图可以参照这个方法绘制完成。如图 6-17～图 6-19 所示。

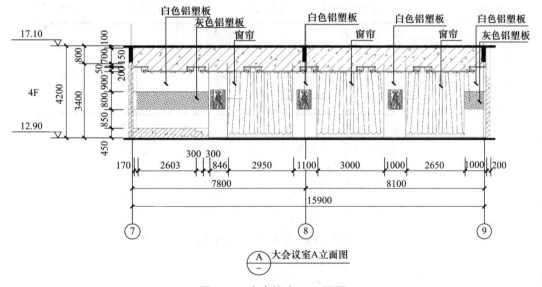

图 6-17　大会议室 A 立面图

### 6.5.3　绘制装饰工程立面图后

- 课后作业：按照上图的 A、B、C 立面图示，绘制此空间的其他 3 个立面图。
- 知识延伸：熟悉了解立面的材料、设备、规范。学习装饰工程立面图的经典设计案例。

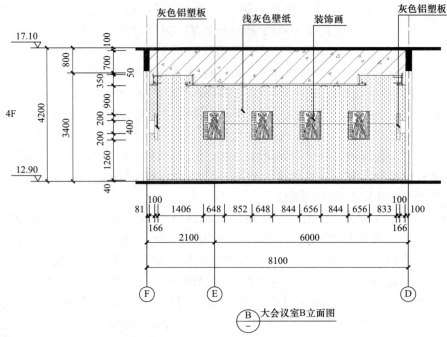

图 6-18　大会议室 B 立面图

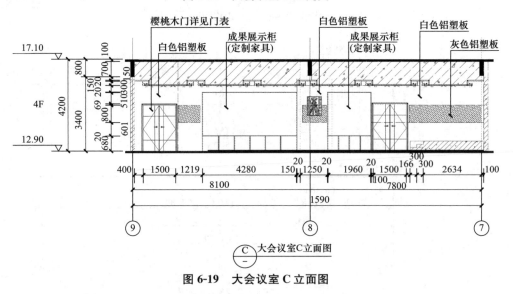

图 6-19　大会议室 C 立面图

# 任务 6.6　其他建筑装饰工程图

## 6.6.1　绘制装饰工程剖面图

装饰工程剖面图是将装饰面的主要部位或重要部位作整体性的剖切或局部剖切，用以准确地表达在普通投影图上面难以表示的内部构造做法，如图 6-20 所示。装饰构造节点图则是将装饰装修构造的重要连接部位，以垂直或水平的方向进行剖切并用放大的形式绘制及表现的视图。装饰工程剖面图绘制技法与装饰工程立面图绘制方法基本一致，可参照绘制。

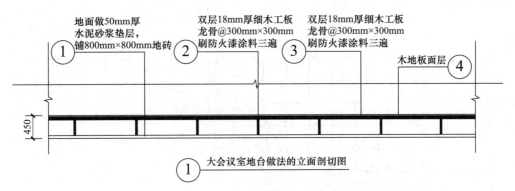

图 6-20　大会议室地台做法详图（立面剖切）

## 6.6.2　绘制装饰工程构造详图

装饰工程构造详图也称大样图，它是把装饰平面图、地面标识图、装饰立面图中无法表示清楚的部分，按照比例放大，按有关正投影作图原理而绘制的图样，如图 6-21 所示。绘图方法与装饰工程立面图绘图方法基本一致，同时应具有如下特点：

1. 装饰详图的绘制比例较大，材料、图形的表示必须符合国家有关制图标准。

2. 装饰详图必须交代清楚构造层次及做法，因而尺寸标注必须准确，语言描述必须恰当，并尽可能采用通用的语汇，文字较多。

3. 装饰细部做法很难统一，导致装饰详图多，绘图工作量大，应尽可能选用标准图集，对习惯做法可以只做说明。

4. 装饰详图可以在详图中再套详图，因此应注意详图索引的隶属关系。

## 6.6.3　建筑室内设备施工图

建筑室内设备是建筑的一个有机组成部分，包括室内给水、排水、消防设备、室内供暖、室内电器、室内智能设备等，这些设备的造型与位置对室内空间效果有直接的影响，智能设备主要包括通信自动化系统、建筑自动化设备、功能化智能设备（家居、办公自动化设备等）。在设计室内空间的时候，需要提前设计构思好，便于后期方案的实施。

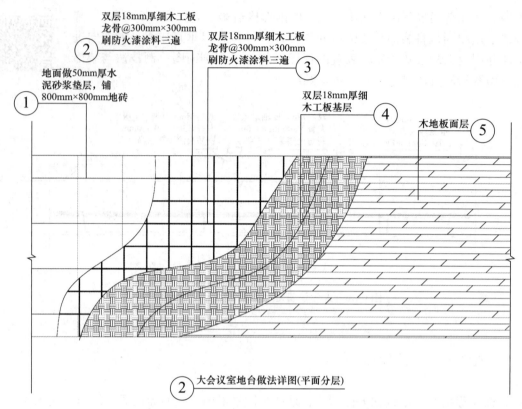

图 6-21　大会议室地台做法详图（平面分层）

# 项目七

## 路桥工程CAD应用

 **素质目标**

路桥工程 CAD 应用主要涉及 CAD 软件在道路平面图绘制、横断面绘制、纵断面绘制、剖面图绘制、结构图绘制等方面的应用，本项目的学习和应用应该注意：

- 具有较好的多专业、多角色间沟通的能力。
- 具有良好的工作态度。
- 具有适应特定地域条件的能力。
- 具有创新精神和创意思维，路桥工程 CAD 应用中展现优化的绘图步骤和审美观念。
- 具有较强的安全责任意识。

**技能目标**

- 了解道路工程制图标准。
- 能绘制道路平面图。
- 能绘制道路横断面图。
- 能绘制道路纵断面图。
- 能绘制桥梁工程图。

## 任务 7.1　道路工程制图标准

本部分内容主要根据《道路工程制图标准》GB 50162—1992，对图幅、线型、文字、尺寸标注、绘图比例等进行介绍。

### 7.1.1　图幅及图框

图幅与图框尺寸大小应符合《道路工程制图标准》GB 50162—1992 的规定，图纸基本幅面尺寸见表 7-1，幅面格式如图 7-1 所示。

图纸基本幅面尺寸（mm）                    表 7-1

| 尺寸代号 | 图幅代号 | | | | |
|---|---|---|---|---|---|
| | A0 | A1 | A2 | A3 | A4 |
| $b \times l$ | 841×1189 | 594×841 | 420×594 | 297×420 | 210×297 |
| $a$ | 35 | | | 30 | 25 |
| $c$ | 10 | | | | |

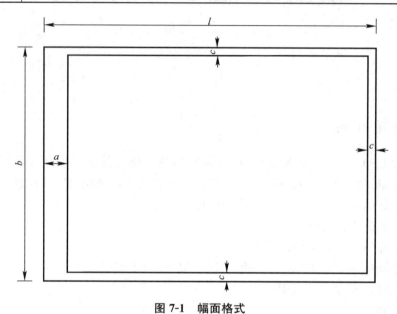

图 7-1　幅面格式

图框下应绘制标题栏，在《道路工程制图标准》GB 50162—1992 中规定了三种格式，下面展示其中一种，如图 7-2 所示。

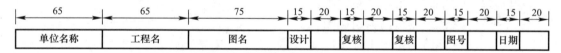

| 单位名称 | 工程名 | 图名 | 设计 | | 复核 | | 复核 | | 图号 | | 日期 | |

图 7-2　标题栏（单位：mm）

## 7.1.2　文字与线型要求

### 1. 文字

文字、数字及工程符号是道路工程图的重要组成，图纸中的字体应保持一致，保证图面美观，图纸意图表达清楚。在道路工程图纸中，汉字应采用长仿宋体，字的高宽比为 3：2。在 AutoCAD 中，可以在"格式"→"文字样式"中将宽度因子设置为"0.7"，如图 7-3 所示。

在图 7-3 中，文字高度代表文字的大小。A3 图纸中，"立面图""侧面图""大样图"等视图名称字高设置为 5mm。若各视图比例不同，其比例可标注在视图图名的右侧，底部与视图字底部平齐，文字高度为 3mm。视图图名下画双划线，上线为粗实线，距图名底部 0.5～1mm；下线为细实线，距上线 0.5～1mm，如图 7-4 所示。图中工程数量表及其他表格表名字高为 5mm，表中文字高度可采用 2.5mm 或 3mm。附注中"附注"二字为 5mm；正文文字为 4mm。图框中文字字高为 5mm（图 7-2 中单位名称字高为 5mm；日期、图号中文字高为 5mm）。

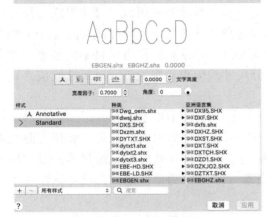

图 7-3　文字样式

连续处梁行车道板加强钢筋布置 ————— 1 : 40

图 7-4　"图名"样例

图 7-4 中尺寸数字高度为 2.5mm，同一列或行中的尺寸标注应严格对齐，不得参差不齐，视图中用于说明的文字字高为 3mm，剖面符号一律用"A-A""B-B"等大写英文字母，不得使用阿拉伯数字。

**2. 线型与线宽要求**

每张图上线宽一般不超过三种：可参考使用粗实线（0.35mm、0.25mm）与细实线（0.18mm）。常用线型要求详见表 7-2 和表 7-3。

常用线型线宽　　　　　　　　　　　　　　　　　　表 7-2

| 名称 | 线型 | 线宽 | 一般用途 |
|---|---|---|---|
| 粗实线 | —————— | $b$ | 可见轮廓线、钢筋线 |
| 细实线 | —————— | $0.25b$ | 尺寸线、剖面线、图例线、原地面线 |
| 加粗实线 | —————— | $(1.4～2.0)b$ | 图框线、路线设计线 |
| 粗虚线 | – – – – – | $b$ | 地下管道或建筑物 |
| 细虚线 | – – – – – | $0.25b$ | 道路纵断面图中竖曲线的切线 |
| 粗点划线 | —·—·— | $b$ | 用地界线 |
| 细点划线 | —·—·— | $0.25b$ | 中心线、对称线、轴线 |
| 双点划线 | —··—··— | $0.25b$ | 假象轮廓线、规划道路中线、地下水位线 |
| 折断线 | ——⌇—— | $0.25b$ | 断开界限 |

常用线宽类别的线宽　　　　　　　　　　　　　　　　表 7-3

| 线宽类别 | 线宽（mm） | | | | |
|---|---|---|---|---|---|
| $b$ | 1.4 | 1 | 0.7 | 0.5 | 0.35 |
| $0.5b$ | 0.7 | 0.5 | 0.35 | 0.25 | 0.25 |
| $0.25b$ | 0.35 | 0.25 | 0.18(0.2) | 0.13(0.15) | 0.13(0.15) |

### 7.1.3 标注与绘图比例

**1. 尺寸标注**

尺寸应标注在视图醒目的位置，计量时应以标注的尺寸数字为准，不得用量尺直接从图中量取。尺寸应由尺寸界线、尺寸线、尺寸起止符和尺寸数字组成。尺寸界线与尺寸线均用细实线，尺寸起止符用箭头表示。标注时应避免尺寸线之间及尺寸线与其他指示线交叉。任何情况下图线不得穿过尺寸数字。尺寸线必须与标注长度平行，且不应超出尺寸界线。相互平行的尺寸线之间距应为 5～6mm，分尺寸线应离轮廓线近，总尺寸线应离轮廓线远。在使用尺寸标注时，应注意：

1) 图纸所有的尺寸标注数字是物体的实际大小，与绘图比例无关；

2) 在道路工程图中，线路里程桩号以"公里（km）"为单位；高程、坡长、曲线要素等以"米（m）"为单位；一般砖、石、混凝土等结构物（如桥梁、涵洞等）以"厘米（cm）"为单位绘图；钢筋直径和钢结构以"毫米（mm）"为单位绘图。尺寸标注中不再标注单位，但应在注解中进行说明。

3) 需要做引出线时，引出线应使用细实线，引出线的斜线与水平线，其交角 $a$ 可按 90°、120°、135°、150° 绘制。当需要文字说明时，可将文字标注在引出线的水平线上。当斜线在一条以上时，各斜线宜平行或交于一点。

4) 在道路工程图中，通常会使用连续排列的等长尺寸，可采用"间距数乘间距尺寸"的形式，如图 7-5（a）所示。

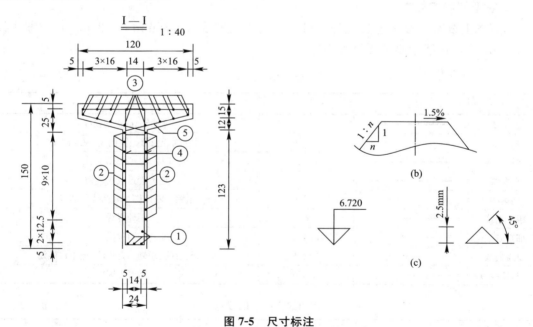

**图 7-5 尺寸标注**

（a）间距数乘间距尺寸；（b）坡度标注；（c）高程符号

5) 坡度标注：当坡度值较小时，用百分率表示并标注坡度符号。当坡度值较大时，应用比例形式标出。如图 7-5（b）所示。

6）高程符号是用细实线绘制的等腰三角形，高 2.0～3.0mm，底角为 45°，顶角指向被标注的高度，顶角向上、向下均可，标高数字宜在三角形的右边。图形复杂时，可用引出线形式。标高数字一律以"m"为单位，一般至小数点后三位，地平线标注"±0.000"，正数前不加"＋"号，负数前一律加"－"号。如图 7-5（c）所示。

**2. 绘图比例**

道路工程图中，图示长度与物体实际长度的比值，称为比例，在图纸中均应标注绘图比例。

绘图比例应设为整数，一般设为 10 的整倍数。比例的选择应根据图面，布置符合合理、匀称、美观的原则，按图形大小及图面复杂程度确定。例如，在总体规划、整条线路的总体布置展示图中会使用到 1：2000、1：5000 等大比例尺；在绘制公路横断面时会用到 1：200、1：400 等比例尺；在桥梁纵断面图中，还会在同一图的不同方向使用不同比例，如里程方向使用 1：2000，而高程方向采用 1：200，这样的比例均应在图纸中标注清楚。

我们在用 AutoCAD 画图时一般是画全比例的图（即 1：1 的图）。也就是说，显示的距离值即为物体的实际尺寸。当要打印这张图时，再相应地缩放这张图，这样就可以自由地按全比例的尺寸进行输入，而不用担心在输入距离时都要按不同的比例进行转换。

 小技巧：

在进行缩放时，我们有两种选择，一种是将 A3 图框放大以适应图形，另一种则是将图形缩小去放进标准的 A3 图框中。现对两种方法进行讲解：

1. 放大图框：我们之前讲解的文字高度及尺寸箭头大小等都是基于 A3 标准图框的要求，例如，图纸上文字的高度为 5mm，若在绘图时将文字绘成 5mm 高，则在放大图框后，出图时图纸上的文字将会小得像个点一样。所以必须在绘图时将文字高度按比例放大到适当的高度，在出图时才会写出 5mm 高的文字。当绘图比例为 1：70 时，须将 5mm 乘以比例因子"70"，等于 350mm。即在 CAD 图中 350mm 高的文字，才能在最终出图时写成 5mm 高的文字；而标注则需要在"格式"→"标注样式"→"调整"中，将全局比例相应调整到"70"即可，不需要再去单独调整标注中的箭头大小、尺寸线长度、文字高度等。

2. 缩小图形：将图形缩小到能放入 A3 标准图框，采用这种方法我们会发现标注尺寸、箭头大小、文字注解等都符合在 A3 标准图框要求，不需要调整，但是由于图形变小了，标注尺寸数字会相应变小，导致尺寸不准确，这种情况下，可以在"格式"→"标注样式"→在主单位中进行比例因子的调整，可直接将绘图比例的倒数用作比例因子，例如绘图比例为 1：10 时，其比例因子就等于"10"，绘图比例为 1：50 时，其比例因子就等于"50"，以此类推；则标注尺寸数字就会变成按 1：1 绘图时的尺寸长度。

3. 注意：输出图纸时以上两种方法选择一种即可，既放大图框同时又缩小图形，容易引起比例尺混乱。

## 任务 7.2　道路工程图形绘制

本任务以一个实际工程案例为例，重点讲述道路工程图形绘制的基本步骤。

## 7.2.1 工程概况

某道路位于某市内，道路规划等级为城市主干路，双向六车道设计。部分路段平面示意图如图 7-6 所示。

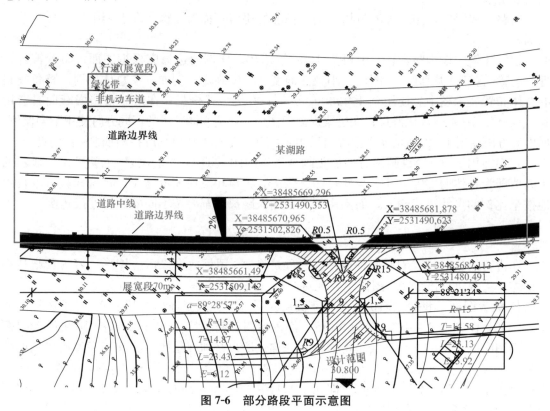

**图 7-6 部分路段平面示意图**

## 7.2.2 道路平面图

路线平面图的绘制大概包含两个方面的内容，一方面是地形图的绘制；另一方面是在地形图上绘制平面道路。本教材主要讲述第二个方面的绘制步骤，即地形图上绘制平面道路的基本步骤。

1. 基本规定

1) 绘图比例

道路平面图根据地形起伏情况的不同，采用不同的绘图比例。城镇区通常采用1∶500或1∶1000两种比例进行绘制，山岭、重丘区通常采用1∶2000的比例进行绘制，微丘和平原区通常采用1∶5000的比例进行绘制。

2) 图面应包含的内容

道路平面图应至少能准确表达路线的方向、平面线型（直线和平曲线的组合形式）、路线两侧一定范围内的地形、地物情况以及结构物的平面位置。因此，整个图面应至少包含以下几项内容：

（1）比例尺。

（2）指北针或坐标网（用以指示方向）。

（3）地形地貌（通常用等高线表示）。

（4）特征地物（用简化的规定符号表示）。

（5）道路线（至少包含道路中心线、路基边缘线）。

（6）里程桩号（如：K2+350，表示此点距路线起点 2350m）。

（7）平曲线的几何要素（须事先计算，并在图中清晰列出）。

（8）必要的标注、注释。

**2. 道路平面图的绘制**

1）绘制道路中心线前，首要工作是定出交点和转角数据。

计算得出平面曲线的相关要素，即曲线的"半径 $R$""切线长 $T$""曲线长 $L$""外矢距 $E$"。具体的计算步骤在此不做介绍，相关方法可参照道路勘测设计课程或者参考相关教材。

2）用 Excel 表格进行数据整理。

整理后的表格数据实例如表 7-4 所示。此操作可以在后期道路中心线绘制中大大简化操作步骤。

| 表格数据实例 | | | 表 7-4 |
|---|---|---|---|
| 点号 | X 坐标 | Y 坐标 | X，Y |
| QD | 509.356 | 1103.845 | 509.365,1103.845 |
| JD1 | 456.334 | 1339.264 | 456.334,1339.264 |
| JD2 | 529.389 | 1479.653 | 529.389,1479.653 |
| ZD | 457.879 | 1709.956 | 457.879,1709.956 |

注意：如果原始设计数据提供的坐标为 X，Y 坐标分列，可在最后一列用公式："=X 列号 &Y 列号"这个公式进行快速的坐标数据整理。

3）单位设置

绘制道理平面图时，需提前进行单位的设置。详细的操作步骤在前序章节已详细阐述，在此不做赘述，只对具体的设置值进行要求，规定如下：

视频7.1
单位设置

（1）"长度"选项组，"类型"下拉列表选择"小数""精度"下拉列表框选择"0"。

（2）"角度"选项组，"类型"下拉列表选择"十进制读数""精度"设为"0"。测角"方向控制"，沿用 AutoCAD 默认设置即可（图形正东方向（右侧）为 0°）。

（3）"插入比例"选项组，用于缩放插入内容的单位设为"mm"。

4）图层和文字样式设置

绘制道路平面图时，需要在地形图图层设置的基础上，增设图层以满足绘图需求。具体的图层设置步骤在前序章节已详细介绍，在此不做赘述。需新增的图层属性如下：

（1）道路中线图层（ZX），颜色为红色，线宽"1.0"（粗实线）；

（2）道路导线图层（DX），颜色为白色，默认线宽；

（3）标注线图层（BZ），线宽"0.25"（细实线）；

（4）文字注释图层（HZ），字体选用"txt.shx"，大字体选用"gbcbig.shx"，高度"10"，宽高比"0.7"。

5）道路中心线的绘制：

（1）道路导线的绘制

将"DX"图层置为当前层，使用多段线命令"PL"绘制一条多段线。各导线、点的坐标不用在键盘逐一输入，而是充分利用之前整理好的 excel 坐标数据，即在 AutoCAD 执行多段线命令，要求输入起点时，将表 7-4 中"X，Y"的坐标数据复制后粘贴在命令行中（注意复制的数字和标点是半角，即英文字符），AutoCAD 自动依次读取各点坐标值，绘制出道路中心线如图 7-7 所示。

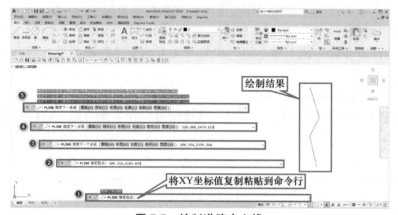

图 7-7　绘制道路中心线

（2）确定平曲线主点位置

路线在 JD1，JD2（图 7-7 中，由下至上，下侧的拐点为 JD1，上侧的拐点为 JD2），为便于演示，两处交点转弯都设置为圆曲线，要绘出这些曲线，首先要定出曲线上的各主点位置。下面以 JD1 为例，详细介绍确定主点位置的方法及操作步骤。

• 新建一个图层，名称"FZX"（辅助线）颜色为蓝色，并置为当前层。

• 用"L"命令，绘制 JD1 处转折角平分线 JD1D，角平分线指向拐点两侧直线凹陷一侧。

确定曲中点（QZ 点）：从 JD1 开始，用"L"命令，将角平分线 JD1D 朝 D 方向延伸。在角平分线及其延长线上用"DIST"命令配合"L"命令，量取外矢距的长度，此点即为 QZ 点。

• 确定圆直点（YZ 点）、直圆点（ZY 点）：将"ZX"层置为当前层。用绘制圆弧命令 ARC 中的"起点、圆心、角度"方式，绘制一个角度为 360° 的圆弧。圆弧的起点为 QZ 点，从 QZ 点向 P 量取圆曲线的半径，得到圆心，角度输入 360°，这样就绘制出一个圆弧。该圆弧与道路导线的两个交点即为圆直点（YZ 点）和直圆点（ZY 点）。

注意：找到 ZY 点和 YZ 点并用"TEXT"命令及时做好标注后，可以用"TR"命令将图面中的非必要部分进行删除即可。

• 用"PTYPE"命令，将点样式改为"＋"。

• 用"POINT"命令在图中标出 QZ 点、ZY 点、YZ 点。

- 同样的操作步骤将 JD2 对应的 QZ 点、YZ 点 ZY 点确定并在图中标出。

（3）绘制主点位置线、里程桩线、百米桩线

- 绘制特征点位置线：将"BZ"层设为当前层。用"O"偏移命令，将路线中线向上偏移 5 个图形单位。

用"L"命令，在路线上的每一个主点处（ZY 点、QZ 点、YZ 点）绘制短直线，分别与路线导线和上侧的偏移线垂直相交。

- 绘制公里桩、百米桩标注线：用"O"将路线导线向下方偏移 15 个单位，得到两条偏移线。在导线上点出百米桩，然后连接百米桩点及与导线间距 15 个单位的位置辅助线，得到百米桩标注线。

- 编辑标志线和位置线：用"delete"命令配合"TR"命令。删除偏移线等辅助线，只保留路线中线、路线导线、主点位置线、公里桩标志线和百米桩标志线。

- 绘制公里桩符号和交角点符号：用"DO"命令，绘制公里桩符号用绘制圆环，内径"0"，外径"5"。用"C"命令，绘制交点符号，直径"3"，圆心设置在交点上。对小圆内部突出的直线，用"TR"命令进行修剪。

- 标注文字：将"文字"图层设置为当前图层，考虑打印比例、确定文字标注大小后对图面进行文字标注。若标注的文字大小方向不同，可选用不同高度和旋转角度，分批标注。这样标注的文字位置和角度有些可能不太合适，可利用移动和旋转命令进行修改，即完成路线平面图的绘制。最终完成的道路平面图如图 7-8 所示。

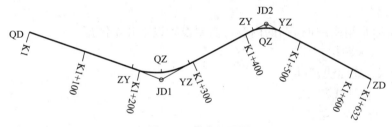

**图 7-8　道路平面图**

## 7.2.3　道路纵断面图

道路纵断面图用以表示道路中心的地面起伏状况以及道路纵向设计坡度和竖曲线设计参数。道路纵断面图是用假想的铅垂剖切面沿着道路的中心线进行纵向剖切后得到的。由于道路中心线由直线和曲线组合，所以纵向剖切面既有平面，又有曲面。为了清晰地表达路线的纵断面情况，采用沿道路中线展开的方法，将道路纵断面展平成为一平面，并绘制在图纸上，这就是道路的纵断面图。

**1. 道路纵断面图应包含的内容**

道路纵断面图包括图样和资料表两部分，通常习惯将图样画在图纸上部，资料表布置在图纸下部。实际工程中的道路纵断面图如图 7-9 所示。在图中用虚线表示的平滑的曲线为设计地面线，即未来的实际道路线。用粗实线表示的折线为地面线，即未施工前的实际地面线。顶端的几组数据为设计提供的竖曲线设计参数。

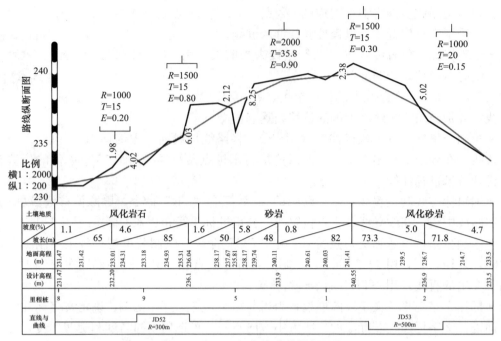

图 7-9　实际工程中的道路纵断面图

**2. 道路纵断面图的绘制步骤**

1）图层设置

根据道路纵断面图中应包括的内容，需要设置以下几个图层。

（1）"BTL（标题栏）"层。

（2）"DMX（地面线）"层。

（3）"SJX（设计线）"层。

（4）"BZ（标注）"层。

每一层的线型均选用"实线 Continuous"实线，为使各图层容易分辨，各图层应设置不同线宽。如图框和设计线线宽为"1.0"，标题栏用"0.7"，坡度线用"0.35"。此外，还可将各图层设置成不同的颜色，进行明确区分。

2）图形单位及文字样式的设置

图形单位及文字样式的设置与前文所述一致，在此不做赘述。

3）下部参数的绘制

将"BT"层置为当前层，通常按 1∶1000 比例，从左到右顺序绘制。参数栏由下到上第一行为"直线与曲线"，用以表示平面线性。向上用"O"配合"L""TR"命令，依次将"里程""地面高程""设计高程""坡度""土壤地质"栏在图中画出。每一栏的宽度，以填写项所占的实际尺寸为准，后期标注过程中，可随时对参数栏进行调整。

4）上部图形的绘制

（1）高程标尺的绘制

用"L"命令，绘制一条向上的垂线，起点在标题栏最左侧竖线的顶端，长度为 20 个单位，线宽"2.0"。然后用"Copy"命令，将该线再向上复制，使其首尾相接。选中各条直线后，右键"特性"处，将这两条直线的颜色设置为对比度相差较大的两种颜色。最后，根据地面整体高程情况，将两个对象同时向上复制数次，直到标尺顶端向右侧的延伸线能完全覆盖住设计线及地面线的高程最高点。

（2）坐标原点

在绘图前，将外业测绘的数据整理到 Excel 表中，第一列为各地面点的桩号，第二列为各地面点的实测高程，第三列为各地面点的里程数值，第四列为绘图用的各地面点的坐标值。为了使地面线及设计线的绘制变得简单，使用"UCS"命令，将坐标原点设置在标尺的底部。

（3）地面线的绘制

将"DMX"图层设置为当前层，使用"PL"命令，绘制地面线。绘制方法同道路平面图中"输入坐标绘制"的方法一致，在此不做重复介绍。

（4）设计线的绘制

将"SJX"图层设置为当前层，使用多段线"PL"命令，绘制设计线。绘制时将各里程桩的里程作为横坐标，各里程桩处的设计高程作为纵坐标。操作步骤与绘制地面线类似，对竖曲线位置，采用三点绘制圆弧的方法，三点依次是竖曲线起点、变坡点位置设计标高处及竖曲线终点。

（5）竖曲线符号绘制

在"SJX"图层中，用直线"L"命令，绘制各竖曲线符号。注意：符号中部的竖线的横坐标就是竖曲线转点里程，符号的水平线两端的横坐标应分别是竖曲线的起点和终点里程。为图形美观，各竖线标志符号应大致在同一个高度。

竖曲线符号：
$$R = 1500$$
$$T = 15$$
$$E = 0.30$$

（6）标题栏中相关线的绘制

在"直线与曲线"栏中，依据路线设计中线各主点的里程绘制。在"里程桩号"栏中，百米里程位置和曲线的主点位置用竖短线绘制，作为里程桩标志，先绘出最左边的第一条里程桩标志，然后使用偏移"O"命令，按里程间隔偏移。这样绘出的标志长短相同。按设计数据，用"PL"命令绘制坡度/坡长线。

（7）文字标注

执行"单行文字标注"命令，对大小、方向相同的文字标注，可用鼠标点击适当的位置，输入完一处文字，再点击下一处位置，输入文字。一次"TEXT"命令，可连续多次输入文字，直到退出命令。不同高度、不同方向的文字需重新输入"TEXT"命令，重新设置文字高度和文字方向，再进行文字输入，直到将图中所有文字标注完毕。

（8）水准点及构筑物的绘制

桥涵构造物等标注的位置与其桩号对应，先用"B"命令定义图块，再利用图块插入，"Insert"命令插入实现绘制好的标准水准点及构筑物图块。

## 7.2.4 道路横断面图

路线横断面图是在垂直于道路中心线的方向上所作的剖面图，其作用是表达道路各中心桩处路基横断面的形状和横向地面高低起伏状况，如图 7-10 所示。

**1. 相关要求**

在对道路横断面进行外业测量时，每一个需测横断面的位置，都要求进行测量，测得在横断面方向上各变坡点相对于中桩地面的高差。根据外业实测数据，整理得出各里程桩的横断面高程资料。高差为正表示上坡，为负表示下坡。根据这些数据绘制出各里程横断面图，再根据设计要求，画出路基断面设计线，得到一系列的路基横断面图，并以此作为计算公路土石方量和进行路基施工的依据。

**2. 绘制步骤**

1）设置绘图比例

一般情况下，道路横断面图中，纵坐标和横坐标的绘图比例是相同的，根据具体情况可选用 1∶100 或 1∶200 的比例尺进行绘制。在实际绘图前，应首先定好绘图比例，并严格按照比例绘制图形。

2）设置绘图环境

设置图形单位的具体步骤前文已详细介绍，在此不做赘述。相关规范规定横断面图的地面线应采用细实线。在图层管理器中，新建"DMX"（地面线）层，线宽"0.25"；"TKX"（图框线）层，线宽"1.0"，两个图层的线型均设置为"Continuous"实线，为方便后期区分，各图层应设置成不同的颜色。

3）绘图步骤

（1）中线桩绘制

用直线"L"命令，画一条与 Y 轴方向平行的竖线，作为横断面的中线桩。

（2）地面桩绘制

依据提前准备好的测量数据，用"PL"多段线命令，输入相对直角坐标，绘制出地面线。具体方法在前文中已经介绍过，在此不做赘述。

（3）文字标注

横断面图中，需进行文字标注的内容很少，仅需标注中线桩的桩号。

注意：在输入点位时，用的是相对直角坐标系的值，是当前点相对于前一个点的横、纵坐标的改变量，该改变量正好对应左右两侧的距离和高差的数值。但在输入时，左侧的点横坐标应为负（在距离值前面加"－"），右侧的点横坐标为正（原距离值），高差值与测量数据相同。

## 任务 7.3 桥梁工程图形绘制

桥梁是架设在江河湖海上，使车辆行人等能顺利通行的构筑物。为了适应现代高速发展的交通行业，桥梁也引申为跨越山涧、不良地质或满足其他交通需要而架设的使通行更加便捷的建筑物。

一套完整的桥梁施工图至少包括以下几块内容：桥位平面图、桥位地质断面图、桥梁总体布置图、桥梁结构图（上部、下部）、详细构造图、施工说明与材料表等。因桥型的不同，具体桥梁施工图所含内容也有所不同。本教材重点介绍桥梁施工图中最为常见的桥梁总体布置图及桥梁结构图的 CAD 绘制方法。

## 7.3.1　桥梁总体布置图

**1. 桥梁立面图绘制**

1）比例设置

绘制 CAD 图形时，可使用 1∶1 的比例进行图形的绘制。出图比例根据选用图幅大小及图形的整体尺寸确定。

2）桥梁立面图应包含的内容

桥梁立面图应至少能反映以下几个方面的内容：

（1）桥梁的总长和各跨跨径：这是确定桥梁整体尺寸和跨度的关键信息。

（2）纵向坡度：这反映了桥梁在纵向上的倾斜程度，对于桥梁的排水和行车安全有重要影响。

（3）桥梁各部分的标高：包括桥墩、桥台等关键部位的标高，这些信息对于桥梁的施工和定位至关重要。

（4）河床的形状及水位高度：这有助于了解桥梁与周围环境的相对位置关系，对桥梁的设计和施工有重要影响。

（5）桥位起始点、终点和桥梁中心线的里程桩号：这些信息有助于确定桥梁在整条道路或铁路上的具体位置。

（6）立面图方向桥梁各主要构件的相互位置关系：这有助于了解桥梁各部分的相对位置关系，对桥梁的整体结构和稳定性有重要影响。

此外，立面图还可能包含其他相关信息，如桥梁的设计参数、材料使用等。这些信息共同构成了桥梁立面图的主要内容，为桥梁的设计、施工和维护提供了重要的参考依据。在实际绘图过程中，以上内容均应予以考虑。

3）绘制步骤

在一些实际桥梁的立面图特别是严格左右对称的桥梁立面图中，有时为了在图面中既能反映桥梁外形尺寸，又能表达桥梁立面详细构造，会沿着桥梁立面中轴线将桥梁分割为左右两个部分。左半部分绘制桥梁外形立面图，右侧部分绘制桥梁整体剖面图。为避免因绘图顺序紊乱，导致的内容缺漏，建议按照"由下至上、由左至右"的整体顺序进行绘制，具体的绘制步骤如下：

（1）主要轴线及辅助线绘制

使用专门的"ZX"图层，配合直线"L"命令，进行立面图主要轴线的绘制。其中，桥墩中线、基础中线、几何外形特殊变化点处均应保证有轴线穿过。

（2）桥梁外形、轮廓的绘制

依据已经绘制完成的轴线及主要辅助线，进行桥梁外形、轮廓的绘制。

外形及轮廓线应使用"Continuous"实线进行绘制，配合使用直线"L"命令、圆弧"ARC"命令、"PL"命令、裁剪"TR"命令等进行基础、桥墩、桥面板、柱子等部位的外形、轮廓绘制。当桥梁立面的左侧的外形、轮廓绘制完成后，如果是左右严格对称的桥梁，可综合运用偏移命令、复制命令、镜像命令等实用命令，进行桥梁右侧部分的绘制。同样的小技巧，也可以用在轴线绘制、上下对称的外形绘制以及轮廓绘制中。

（3）剖面部分绘制

剖面部分外形、轮廓的绘制方法与上文提到的相同，在此不做赘述。需要注意的是，当剖面部分外形、轮廓绘制完成后，对剖切面进行填充操作。

当进行剖面部分外形、轮廓部分的绘制时，应首先考虑剖面实际情况，部分剖面图无需展示或不会被剖切的部分，可用"TR"命令，提前做好修改，再进行填充。

在进行填充时应注意使用不同的填充图案来区分剖切构件，避免因填充图案相同，导致相交构件难以直观辨认。

（4）注释及标注

当立面轮廓及剖面绘制完毕后，选用专门图层，对图面进行尺寸及必要标注、注释。

**2. 桥梁平面图绘制**

桥梁平面图包括桥梁的总体布局、桥墩和桥台、上部结构、桥面铺装和交通设施、排水系统、地形和地貌、尺寸标注、文字说明以及图例和比例尺等部分。这些部分共同构成了桥梁平面图的完整内容，为桥梁的设计和施工提供了重要的参考依据。

桥梁平面图的整体绘制步骤通常包括以下几个主要阶段：

1）准备工作

确定绘图比例尺和使用的绘图工具。收集桥梁设计的详细数据，包括桥长、桥宽、桥墩和桥台的位置、上部结构类型等。

2）设置图层

在绘图软件中创建不同的图层，用于区分不同类型的元素，如中心定位线、图元、标注等。

3）绘制中心定位线

根据桥梁设计的中心线位置，绘制出中心定位线。

4）绘制桥梁平面外形、轮廓

以轴线、辅助线为参照，绘制桥梁平面外形及轮廓。

5）绘制桥面铺装和交通设施

在上部结构的基础上，绘制出桥面铺装、车道、人行道、护栏等交通设施。根据设计数据，确定桥面宽度、车道数量等。

6）绘制排水系统

在桥面上绘制出排水沟、雨水口等排水设施的位置。注意排水系统与桥面铺装的关系。

7）添加尺寸标注和文字说明

对桥梁的各部分进行尺寸标注，如桥长、桥宽、桥墩间距等。添加必要的文字说明，如桥梁名称、设计荷载、设计使用年限等。

8）添加图例和比例尺

在图纸的适当位置添加图例，解释图纸中的符号和线条含义。添加比例尺，表示图纸上的尺寸与实际尺寸之间的比例关系。

**3. 检查修改**

对所绘制的桥梁平面图，进行检查及修改。详细的操作步骤与桥梁立面图绘制布置相似，在此不做赘述。

## 7.3.2　桥梁结构图绘制

在桥梁的总体布置图中，桥梁的具体构件型式及构造做法往往因图幅、比例限制，无法表达。故需要绘制桥梁结构图，用大比例尺图面对桥梁整体构造及其组成部分进行详细表示。桥梁结构图主要包括桥梁上部结构图及桥梁下部结构图。本节分别介绍其在 CAD 中的绘制步骤。

**1. 上部结构图绘制**

上部结构图应包含桥跨结构图和桥面构造图。桥跨结构图是反映桥梁中直接承受桥上交通荷载、架空的主体结构部分，如空心板、T 形梁、箱形梁等的几何尺寸、相互位置关系、详细构造的图纸。桥面构造图则是用以反映为保证桥跨结构能正常使用而需要建造的桥上各种附属结构或设施，如混凝土铺装、防水层、沥青铺装层、搭板、伸缩缝、墙式护栏和波形护栏等部位的详细构造图。

绘制上部结构图的主要步骤为：

1）绘制轴线、辅助线

轴线及辅助线的绘制，应满足图面定位的基本需要。选用"点划线"作为轴线图层的线型，直线"L"命令进行轴线的绘制。

2）绘制外形、轮廓线

以绘制好的轴线为参照，配合使用直线"L"命令、剪裁"TR"命令，进行外形及轮廓线的绘制。

3）绘制剖面图

上部结构剖面图的绘制方法与立面图类似。为清晰表达，可不用严格按比例作图，保证相关部位的细部构造表达清晰即可。

4）标注、注释

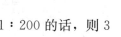
视频7.6 标注、注释

用"DIM"标注命令配合"TEXT"文字命令进行图面的尺寸标注及注释。相关方法在本书前序内容已有详细介绍，在此不作赘述。但应考虑如下问题：

（1）如在绘图阶段即采用 1∶1 的比例进行绘制，最终打印比例为 1∶200 的话，则 3 号字字高应设置为 600mm、5 号字字高 1000mm、7 号字 1400mm。

（2）如在绘图阶段就已经按照 1∶200 进行图面绘制，则文字高度按实际高度设置即可。

5）绘制图表

有两种常见的方法可以进行表格的绘制，在此作如下简介：

（1）配合使用"L"命令、"PL"命令，直接在图中对绘制表格。

（2）在 Excel 中先创建好表格，然后使用 Excel 环境下"复制"→CAD 环境下"编辑"→"选择性粘贴"→"作为图元粘贴"系列命令，将事先创建好的表格以图元的形式拷贝到图面上。如需修改表格中的文字属性，可使用"特性"对话框进行修改。

最终得到的桥梁上部结构图示意如图 7-11 所示。

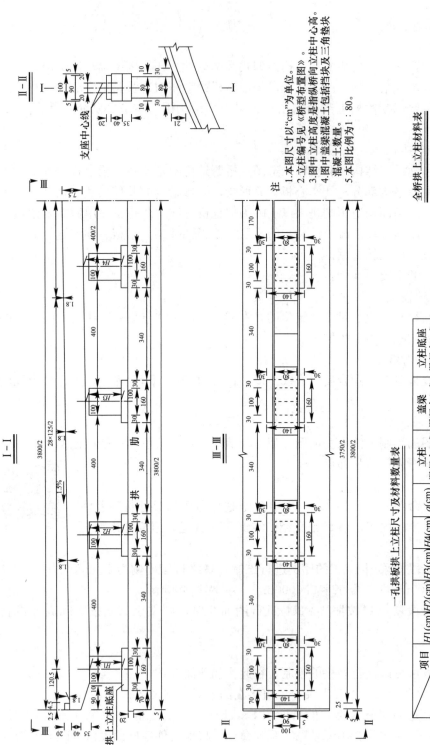

注
1. 本图尺寸以"cm"为单位。
2. 立柱编号见《桥型布置图》。
3. 图中立柱高度是指纵桥向立柱中心高。
4. 图中盖梁混凝土包括挡块及三角垫块混凝土数量。
5. 本图比例为1：80。

**全桥拱上立柱材料表**

| 混凝土等级强度 | 立柱混凝土(m³) | 盖梁混凝土(m³) | 立柱底座混凝土(m³) |
|---|---|---|---|
| C30 | 41.84 | 225.52 | 291.28 |

**一孔拱板拱上立柱尺寸及材料数量表**

| 项目 立柱编号 | H1(cm) | H2(cm) | H3(cm) | H4(cm) | a(cm) | 立柱混凝土(m³) | 盖梁混凝土(m³) | 立柱底座混凝土(m³) |
|---|---|---|---|---|---|---|---|---|
| 1号 | 124 | 131.5 | 139 | 146.5 | 53.1 | 8.66 | 28.47 | 4.61 |
| 2号 | 1.6 | 8.8 | 16.3 | 23.8 | 16.7 | 0.8 | 28.47 | 1.37 |
| 3号 | 5.8 | 13.3 | 20.8 | 28.3 | 16.7 | 1.09 | 28.47 | 1.37 |
| 4号 | 137.5 | 145 | 152.5 | 160 | 53.1 | 10.37 | 28.47 | 4.61 |
| 合计 | | | | | | 20.92 | 113.88 | 11.96 |

图 7-11 桥梁上部结构图示意图

**2. 下部结构图绘制**

桥梁下部结构也叫支承结构，包括桥墩与桥台、墩台基础等。

桥梁下部结构图的整体绘制步骤如下：

1）绘制桥墩构造图

桥墩构造图的绘制主要分为立面图绘制、平面图绘制、侧面图绘制。

2）绘制桥台构造图

桥台是设置在桥梁两端，用以支承上部结构并将其传来的恒荷载和车辆等活荷载传至地基的结构物。

桥台构造图绘制亦主要分为立面图绘制、平面图绘制、侧面图绘制。

3）绘制基础构造图

基础在桥梁中的主要功能是承担从桥墩和桥台传来的全部荷载并保证上部结构按设计要求能产生一定的变形。它是桥墩和桥台底部与地基直接接触的奠基部分。一般情况下，在绘制桥墩和桥台图中，如果已经对桥梁基础进行了绘制，可视实际情况决定是否将基础构造图单独绘制。

4）绘制桥梁附属结构

桥梁附属结构主要包括：桥面系统（包含桥面铺装、排水系统、栏杆、灯光照明等）、伸缩缝、桥头搭板、锥形护坡等。依据桥梁类型的不同，具体不同的桥梁工程项目会有不同的附属结构，需根据实际项目需要，绘制桥梁附属结构图。

5）绘制示坡线和地面线

示坡线和地面线前序内容已有介绍，在此不做赘述。

桥梁下部结构图示意如图 7-12 所示。

项目八

# CAD在土木工程中的未来趋势

Chapter 08

 **素质目标**

**1. 技术理解与前瞻性思维**

- 深刻理解 BIM 与 CAD 技术的核心概念，能够分析其在建筑行业的应用价值。
- 培养对未来建筑技术发展趋势的预测和适应能力。

**2. 跨专业融合与创新意识**

- 认识到技术融合对建筑行业创新的重要性，并能够在实践中寻求跨专业合作的机会。
- 激发创新思维，主动探索 BIM 与 CAD 技术结合带来的新可能。

**3. 数据敏感与精准决策**

- 培养对数据变化的敏感性，能够迅速识别数据中的关键信息。
- 学会基于数据进行精准决策，提升项目管理的效率和准确性。

**4. 适应性与持续学习**

- 增强面对技术变革的适应性，能够迅速掌握新技术并应用于实际工作中。
- 培养持续学习的习惯，不断更新知识体系，跟上行业发展的步伐。

**技能目标**

**1. BIM 与 CAD 基础操作**

- 熟练掌握 BIM 与 CAD 软件的基础操作，包括建模、编辑、视图调整等。
- 能够根据项目需求，选择合适的工具和技术进行设计。

**2. 数据交换与处理能力**

- 掌握 BIM 与 CAD 数据交换的标准和流程，能够独立完成数据转换工作。
- 具备处理和分析设计数据的能力，确保数据的准确性和有效性。

**3. 项目应用与实践**

- 能够将 BIM 与 CAD 技术应用于实际建筑项目中，提升设计效率和质量。
- 学会与其他团队成员协同工作，实现信息共享和高效沟通。

**4.** 问题解决与创新能力

- 培养独立解决问题的能力，能够迅速应对项目中的技术挑战。
- 激发创新思维，探索 BIM 与 CAD 技术结合的新方法，提升项目执行的效率和创新性。

随着科技的飞速发展和数字化时代的到来，计算机辅助设计（CAD）在土木工程领域的应用已经不再是简单的绘图工具，而是成为推动土木工程行业创新和发展的重要力量。CAD 技术的每一次进步，都极大地提高了设计效率、降低了成本，并为土木工程项目的实施带来了前所未有的便利。在本项目中，我们将深入探讨 CAD 在土木工程中的未来发展趋势，展望这一技术将如何继续引领土木工程行业的变革。

CAD 技术的发展历程证明了其在土木工程领域的巨大潜力和价值。从最初的二维绘图到现在的三维建模，与虚拟现实（VR）技术和增强现实（AR）技术的融合，CAD 技术已经不仅仅局限于传统的绘图和建模功能，而是开始向数字化、智能化和集成化的方向发展。未来，CAD 技术将进一步推动土木工程行业的数字化转型，实现设计、施工和管理的全面智能化。

在土木工程设计中，CAD 技术将更加注重用户体验和交互性。设计师们将能够利用更加直观、易操作的界面和工具，快速完成复杂的设计任务。同时，通过引入虚拟现实技术和增强现实技术，设计师和工程师们将能够在虚拟环境中进行更加真实、直观的设计交流和评审，从而进一步提高设计质量和效率。

在施工阶段，CAD 技术将实现与施工现场的无缝对接。通过集成物联网 IoT（Internet of Things）和大数据技术，CAD 系统能够实时获取施工现场的数据和信息，为施工过程中的质量控制、进度管理和安全监控提供有力支持。此外，CAD 技术还将与机器人技术、3D 打印等先进技术相结合，实现自动化施工和快速建造，为土木工程项目的实施带来革命性的变化。

在工程管理方面，CAD 技术将实现设计、施工和运维的全生命周期管理，通过构建统一的数据平台和信息系统，能够实现对工程项目从设计到运维全过程的数字化管理。这将大大提高工程管理的效率和质量，降低运营成本，并为工程项目的可持续发展提供有力保障。

总而言之，CAD 技术在土木工程领域的应用前景广阔而充满希望。未来，随着技术的不断进步和应用场景的不断拓展，CAD 技术将继续引领土木工程行业的创新和发展。我们有理由相信，在不久的将来，CAD 技术将为我们带来更多惊喜和可能。

## 任务 8.1　CAD 技术的发展趋势

### 8.1.1　人工智能与机器学习在 CAD 中的应用

随着科技的飞速发展，计算机辅助设计（CAD）技术也在不断革新，其中人工智能

（AI）和机器学习（ML）的融入为 CAD 领域带来了前所未有的变革。这一趋势不仅提高了设计的效率和准确性，也为设计师们提供了更多创新的可能性。

**1. 智能辅助设计**

AI 和 ML 在 CAD 中的应用首先体现在智能辅助设计上。通过机器学习和大数据分析，CAD 系统能够自动学习设计师的绘图习惯和偏好，进而在绘图过程中提供智能建议和预测。例如，在绘制复杂的结构图时，系统能够根据已有的设计经验和规范，自动推荐合适的材料和尺寸，从而大大减少设计师的决策时间和错误率。

**2. 自动化优化**

AI 和 ML 还能实现设计的自动化优化。设计师可以将设计要求输入 CAD 系统，系统则利用机器学习算法对设计方案进行快速迭代和优化。通过不断尝试和评估不同的设计方案，系统能够找到满足要求的最优解，从而极大提高设计效率和质量。

**3. 智能识别与分类**

在 CAD 图纸中，往往包含大量的信息和数据。AI 和 ML 技术可以帮助系统实现智能识别与分类，将图纸中的各个元素（如墙体、门窗、设备等）进行自动识别和归类。这不仅方便了设计师对图纸的管理和修改，也为后续的模拟分析和施工指导提供了有力的支持。

**4. 创新设计工具**

AI 和 ML 的融入还为 CAD 技术带来了新的创新设计工具。这些工具能够根据设计师的创意和灵感，自动生成符合要求的设计方案。

**5. 挑战与展望**

尽管 AI 和 ML 在 CAD 技术中的应用前景广阔，但也面临着一些挑战。首先，如何确保系统的准确性和可靠性是一个关键问题。由于 AI 和 ML 算法是基于数据进行学习和预测的，因此数据的质量和数量将直接影响系统的性能。其次，如何平衡系统的智能性和设计师的自主性也是一个需要关注的问题。系统过于智能可能会限制设计师的创意和想象力，因此需要找到一种平衡点，使系统既能提供智能支持，又能尊重设计师的创意和决策。

## 8.1.2 参数化与智能化的设计方法

在土木工程 CAD 技术的演进过程中，参数化与智能化的设计方法已经成为行业发展的重要趋势。这些方法不仅极大地提升了设计的效率和灵活性，还为工程项目的创新和优化提供了强有力的支持。

**1. 参数化设计**

参数化设计是一种基于参数和规则的设计方法，它允许设计师通过调整一组预设的参数来快速生成和修改设计。这种方法的核心在于将设计中的各种元素（如尺寸、位置、材料等）与其控制参数关联起来，从而实现设计的自动化和标准化。

在参数化设计中，设计师首先定义一组参数，这些参数可以是具体的数值（如长度、角度等），也可以是逻辑规则（如对称、重复等）。然后，设计师通过调整这些参数，可以快速生成不同的设计方案，并对其进行实时预览和修改。由于设计过程中的每一步都基于参数进行，因此参数化设计可以极大地提高设计的灵活性和可重复性。

参数化设计在土木工程领域的应用非常广泛，例如在建筑设计、桥梁设计、道路设计等方面都有大量的应用案例。通过参数化设计，设计师可以快速地生成多个设计方案，并对其进行比较和优化，从而找到最符合项目需求的设计方案。

**2. 智能化设计**

智能化设计则是在参数化设计的基础上，引入先进技术，实现设计的自动化和智能化。智能化设计不仅可以自动完成一些繁琐的设计任务，还可以根据设计师的意图和需求，自动生成和优化设计方案。

智能化设计的核心在于建立一个智能化的设计系统，该系统能够理解和分析设计师的意图和需求，并基于大量的设计数据和经验，自动生成符合要求的设计方案。在智能化设计系统中，设计师可以通过自然语言、手势等方式与系统进行交互，从而更加直观地表达自己的设计想法。

智能化设计在土木工程领域的应用前景非常广阔。例如，在建筑设计方面，智能化设计系统可以根据建筑的功能、环境和使用需求，自动生成符合要求的建筑布局和外观设计方案；在桥梁设计方面，智能化设计系统可以根据桥梁的跨度、荷载和地质条件等参数，自动生成符合要求的桥梁结构和施工方案。

**3. 挑战与展望**

尽管参数化与智能化的设计方法为土木工程 CAD 技术带来了革命性的变革，但在实际应用中也面临着一些挑战。首先，如何确保设计的准确性和可靠性是一个重要的问题，特别是在参数化和智能化设计的复杂性和不确定性增加的情况下。其次，如何平衡设计的灵活性和可重复性也是一个需要关注的问题。在追求设计效率的同时，也需要考虑设计的可维护性和可扩展性。

## 8.1.3　云技术、协同设计与异地施工的无缝对接

在土木工程领域，随着项目规模的不断扩大和团队分布的地域性增强，如何实现高效、实时的协同设计和异地施工管理成为一个亟待解决的问题。云技术的兴起为这一问题的解决提供了可能，通过云技术，可以实现设计数据的集中存储、共享和同步以及设计团队和施工团队之间的无缝对接。本教材的 ◉ "3.4 学习支持服务"中介绍了"实践在工一云"的应用就使用到了云技术。

**1. 云技术在 CAD 中的应用**

云技术通过提供远程服务器和存储资源，使 CAD 软件能够突破传统的单机工作模式，实现设计数据的云端存储和访问。设计师可以随时随地通过云端 CAD 软件访问和编辑设计文件，无需担心数据的丢失或损坏。同时，云技术还可以提供强大的计算能力，支持复杂的三维建模和模拟分析，提高设计的准确性和效率。

**2. 协同设计的实现**

在云技术的支持下，协同设计变得更加容易实现。设计师可以通过云端 CAD 软件共享设计文件和数据，实现团队成员之间的实时协作。团队成员可以共同编辑设计文件，实时查看彼此的修改和注释，从而避免设计冲突和重复工作。此外，云技术还可以支持版本

控制和历史记录功能，方便设计师追踪和管理设计文件的变更情况。

**3. 异地施工的无缝对接**

云技术为异地施工提供了便捷的数据共享和沟通方式。通过云端 CAD 软件，设计师和施工团队可以实时共享设计文件、施工图纸和工程数据等信息。施工团队可以随时随地查看最新的设计成果和变更情况，从而及时调整施工计划和施工方案。同时，设计师也可以通过云端 CAD 软件远程指导施工团队进行施工，解决现场遇到的问题和困难。

**4. 优势与挑战**

云技术、协同设计与异地施工的无缝对接带来了诸多优势。首先，它可以提高设计和施工的效率和准确性，减少设计冲突和错误。其次，它可以降低项目成本和风险，通过实时共享和协作，避免重复工作和资源浪费。最后，它可以加强设计团队和施工团队之间的沟通和协作，提高项目管理的水平和质量。

然而，这一趋势也面临着一些挑战。首先，数据安全和隐私保护是一个重要的问题。由于设计数据存储在云端服务器上，如何确保数据的安全性和隐私性成为亟待解决的问题。其次，云技术的稳定性和可靠性也是一个需要关注的问题。在设计和施工过程中，如果云端服务器出现故障或中断，将会对项目的进度和质量造成严重影响。

**5. 展望**

随着云技术的不断发展和完善，其在土木工程 CAD 技术中的应用将会越来越广泛。未来，我们可以期待更加高效、智能和安全的云端 CAD 软件出现，为土木工程领域的协同设计和异地施工管理提供更加便捷和可靠的支持。同时，随着 5G、物联网等技术的不断普及和应用，云技术、协同设计与异地施工的无缝对接将会迎来更加广阔的发展前景。

## 任务 8.2　BIM 技术与 CAD

### 8.2.1　BIM 技术的发展与影响

随着建筑信息模型（BIM）技术的逐步成熟和广泛应用，它正在深刻改变着传统建筑设计和施工的方式。BIM 技术以其强大的信息集成能力和协同工作能力，为建筑行业带来了前所未有的效率和创新。在这一背景下，BIM 技术与计算机辅助设计（CAD）的融合成为行业发展的重要趋势。

**1. BIM 技术的发展**

BIM 技术起源于 20 世纪末，最初目的是解决建筑项目中信息分散、交流不畅的问题。经过多年的发展，BIM 技术已经从一个简单的三维建模工具发展成为一个集设计、施工、运维于一体的综合性信息平台。它通过将建筑项目的各种信息（如几何信息、材料信息、成本信息等）集成在一个模型中，实现了信息的共享和协同工作。

随着 BIM 技术的不断发展，其在建筑行业的应用范围也在不断扩大。从最初的建筑设计阶段，到施工阶段的进度管理、材料采购、成本控制等，再到运维阶段的设施管理、能耗分析等，BIM 技术已经渗透建筑项目的全生命周期中。

**2. BIM 技术对 CAD 技术的影响**

CAD 技术作为建筑设计的传统工具，一直在建筑行业中发挥着重要的作用。然而，随着 BIM 技术的兴起，CAD 技术面临着一些新的挑战和机遇。

BIM 技术的出现使得 CAD 技术需要适应新的设计理念和流程。传统的 CAD 设计主要关注于二维图纸的绘制和表达，而 BIM 设计则更加注重三维模型的构建和信息的集成。因此，CAD 软件需要不断更新和完善自身功能，以适应 BIM 设计的需求。

BIM 技术的引入为 CAD 技术带来了新的发展机遇。通过 BIM 与 CAD 的融合，可以实现设计数据的无缝对接和共享，提高设计的效率和准确性。同时，BIM 技术还可以为 CAD 设计提供更多的信息和支持，如自动计算工程量、生成材料清单等，从而帮助设计师更好地完成设计任务。

**3. BIM 技术与 CAD 的融合**

BIM 技术与 CAD 的融合是建筑行业发展的必然趋势。通过 BIM 与 CAD 的融合，可以实现设计、施工、运维各个环节的协同工作和信息共享，提高整个建筑项目的效率和质量。

在融合过程中，需要注重以下几点：

1）数据标准化

确保 BIM 和 CAD 软件之间的数据交换和共享能够顺利进行，需要制定统一的数据标准和接口规范。

2）软件兼容性

BIM 和 CAD 软件之间需要具备良好的兼容性，以便能够顺利地进行数据交换和协同工作。

3）人员培训

BIM 和 CAD 技术的融合需要相关人员具备相应的技能和知识。因此，需要加强人员培训和技术交流，提高整个团队的技术水平。

4）流程优化

BIM 技术的引入将改变传统的建筑设计和施工流程。因此，需要优化工作流程和管理制度，确保各个环节之间的顺畅衔接和高效协作。

总之，BIM 技术的发展为建筑行业带来了深刻的变革。通过与 CAD 技术的融合，可以进一步提高建筑项目的效率和质量，推动建筑行业的持续发展和进步。

## 8.2.2　BIM 技术与 CAD 的集成应用与数据交换

随着建筑行业的快速发展和技术的不断进步，建筑信息模型（BIM）和计算机辅助设计（CAD）之间的集成应用与数据交换变得越来越重要。BIM 提供了关于建筑物及其环境的物理和功能特性的丰富信息，而 CAD 则是设计和绘图的主要工具。二者的有效结合，不仅提高了设计效率，还促进了项目信息的共享和协同工作的展开。

**1. BIM 与 CAD 的集成应用**

BIM 与 CAD 的集成应用主要体现在以下几个方面：

1）设计阶段的协同

在设计的早期阶段，BIM 和 CAD 的集成使得设计师能够在同一平台上进行工作，实时共享和更新设计信息。这种协同方式不仅减少了重复工作，还提高了设计的准确性和效率。

2）模型与图纸的同步

BIM 模型中的信息可以自动转换为 CAD 图纸，保证了模型与图纸的一致性。同时，CAD 图纸中的修改也可以实时反馈到 BIM 模型中，实现了模型与图纸的双向同步。

3）材料清单的自动生成

基于 BIM 模型，可以自动生成材料清单和构件列表，为后续的采购和施工提供了准确的数据支持。CAD 作为绘图工具，可以根据这些清单快速生成详细的施工图纸。

4）碰撞检测与空间优化

通过 BIM 与 CAD 的集成，可以在设计阶段就进行碰撞检测和空间优化，减少施工过程中的变更和返工，降低项目成本。

**2. BIM 与 CAD 的数据交换**

BIM 与 CAD 之间的数据交换是集成应用的关键环节。为了实现有效的数据交换，需要遵循一定的标准和规范，如 IFC（Industry Foundation Classes）标准。

1）IFC 标准的应用

IFC 标准是 BIM 数据交换的国际标准，它定义了建筑信息的表达方式和交换格式。通过遵循 IFC 标准，BIM 模型中的信息可以被 CAD 软件正确识别和读取，实现数据的有效交换。

2）数据转换工具

为了支持 BIM 与 CAD 之间的数据交换，需要开发相应的数据转换工具。这些工具可以将 BIM 模型转换为 CAD 软件可识别的格式，或者将 CAD 图纸中的信息导入到 BIM 模型中。

3）数据交换的注意事项

在进行 BIM 与 CAD 的数据交换时，需要注意数据的完整性和准确性。同时，由于不同软件之间的兼容性问题，可能会存在数据丢失或变形的情况。因此，在数据交换前需要对数据进行备份和验证，确保数据的安全和可靠。

## 任务 8.3　绿色建筑与可持续性发展在设计中的体现

### 8.3.1　绿色建筑设计理念与 CAD 技术

绿色建筑与可持续性发展是当今建筑设计领域的重要趋势，旨在通过科学的设计方法和手段，减少建筑对环境的影响，提高建筑能源效率，同时满足人们健康、舒适的生活需求。在本节中，我们将探讨绿色建筑设计理念如何与 CAD 技术相结合，以促进绿色建筑设计的实现。

1. 绿色建筑设计理念

绿色建筑设计理念强调建筑与环境的和谐共生，关注建筑的全生命周期影响，包括建筑设计、施工、运营、维护以及拆除等各个阶段。它追求高效利用资源、降低能耗、减少废弃物排放、保护生态环境等目标。为实现这些目标，绿色建筑设计需考虑以下几个方面：

1）节能设计

通过合理的建筑布局、高效的保温隔热材料、智能控制系统等手段，降低建筑能耗，提高能源利用效率。

2）节水设计

采用雨水收集利用、中水回用、节水型洁具等技术，减少建筑用水量。

3）可再生能源利用

利用太阳能、风能、地热能等可再生能源，为建筑提供电力和热能。

4）生态环保

选择环保材料、减少建筑垃圾、保护生态环境，实现建筑与自然的和谐共生。

2. CAD 技术在绿色建筑设计中的应用

CAD 技术在绿色建筑设计中发挥着重要作用，为设计师提供了强大的辅助工具，使设计过程更加高效、精确。以下是 CAD 技术在绿色建筑设计中的主要应用：

1）能耗模拟与分析

通过 CAD 软件中的能耗模拟工具，设计师可以对建筑能耗进行模拟分析、优化设计方案、降低建筑能耗。

2）日照与风环境模拟

利用 CAD 软件的日照分析和风环境模拟功能，设计师可以预测建筑的自然采光和通风效果，为节能设计提供科学依据。

3）材料选择与用量计算

CAD 软件可以帮助设计师快速选择环保材料，并准确计算材料用量，降低材料浪费和废弃物排放。

4）三维可视化与虚拟现实

通过 CAD 软件的三维可视化功能，设计师可以直观地展示绿色建筑设计的成果，便于业主、施工方等各方理解和沟通。同时，虚拟现实技术还可以让用户体验建筑的使用效果，提高设计满意度。

5）智能化设计

CAD 软件可以与智能化系统相结合，实现建筑智能化设计。例如，通过智能控制系统对建筑能耗进行实时监测和管理，提高建筑的能源利用效率。

## 8.3.2　建筑生命周期评估与 CAD 数据整合

1. 建筑生命周期评估（LCA）概述

建筑生命周期评估（Life Cycle Assessment，LCA）是一种评估建筑从设计、施工、使用到拆除全过程中对环境影响的方法。它考虑了建筑在其生命周期内所消耗的资源和产生的排放，从而帮助决策者选择更加环保和可持续的建筑方案。

## 2. CAD 在建筑生命周期评估中的作用

计算机辅助设计（CAD）在建筑行业中有着广泛的应用，它不仅可以提高设计效率和质量，还可以在建筑生命周期评估中发挥重要作用。具体来说，CAD 可以提供以下支持：

1）数据收集

CAD 系统可以存储和管理大量的设计数据，包括建筑材料、尺寸、构造等。这些数据是建筑生命周期评估的基础。

2）可视化模拟

利用 CAD 软件，可以创建建筑的三维模型，并通过模拟工具来预测建筑在不同生命周期阶段的表现，如能源消耗、碳排放等。

3）数据分析和优化

CAD 软件可以与数据分析工具相结合，对收集到的数据进行处理和分析，帮助设计师识别潜在的改进点，并优化设计方案以减少环境影响。

## 3. CAD 数据整合与建筑生命周期评估

为了将 CAD 数据与建筑生命周期评估相结合，需要进行数据整合和标准化处理。这包括以下几个步骤：

1）数据标准化

确保 CAD 数据符合一定的格式和标准，以便在生命周期评估软件中进行导入和分析。

2）数据链接

建立 CAD 数据与生命周期评估数据库之间的链接，以便在评估过程中实时访问和更新数据。

3）模型同步

确保 CAD 模型与生命周期评估模型之间的同步性，以便在设计变更时能够自动更新评估结果。

## 4. 实际应用案例

【案例背景】

假设某绿色建筑公司正在设计一个多层办公大楼，该项目要求在设计阶段就考虑对环境影响，并计划使用建筑生命周期评估（LCA）工具来评估不同设计方案对环境影响。同时，公司决定利用 CAD 软件来创建和管理建筑的三维模型，并与 LCA 工具进行数据整合。

【案例目标】

1）利用 CAD 软件创建建筑三维模型。

2）将 CAD 数据导入 LCA 工具中。

3）进行建筑生命周期评估，比较不同设计方案的环境影响。

4）根据评估结果优化设计方案。

根据案例背景及目标，我们可以用如下步骤进行思考：

步骤 1：创建 CAD 模型

1）使用 AutoCAD、Revit 等软件创建多层办公大楼的三维模型。模型应包含详细的建筑构造信息，如墙体、窗户、屋顶、地板等。

2）为模型中的每个构件分配相应的材料属性，如混凝土、钢材、玻璃等。

3）导出模型数据为LCA工具可识别的格式（如CSV、Excel等）。

步骤2：数据导入与整合

1）打开LCA工具（如SimaPro、OpenLCA等），并创建一个新项目。

2）导入CAD软件导出的数据到LCA工具中。确保数据正确映射到相应的生命周期阶段（如施工、使用、拆除等）。

3）在LCA工具中设置评估范围、系统边界和评估方法。

步骤3：进行建筑生命周期评估

1）根据设定的评估方法，LCA工具将自动计算建筑在不同生命周期阶段对环境的影响，如能源消耗、碳排放、资源消耗等。

2）评估结果将以图表和报告的形式呈现，便于设计师和分析师了解建筑的环境性能。

步骤4：优化设计方案

1）根据评估结果，识别出环境影响较大的部分（如高能耗的建筑材料、不合理的能源系统等）。

2）针对识别出的问题，提出改进措施，如更换更环保的建筑材料、优化能源系统等。

3）在CAD软件中修改模型，并重新进行建筑生命周期评估，以验证改进措施的有效性。

【案例解答】

通过本案例，我们可以学习到如何将CAD数据与建筑生命周期评估工具进行整合，并利用评估结果来优化设计方案。以下是本案例的关键学习点：

1）CAD模型的重要性

创建详细的三维模型是建筑生命周期评估的基础。模型中的构件和材料属性将直接影响评估结果。

2）数据格式与整合

确保CAD软件导出的数据格式与LCA工具兼容，是实现数据整合的关键。在数据导入过程中，要注意数据的准确性和一致性。

3）评估方法的选择

不同的评估方法可能会产生不同的评估结果。因此，在选择评估方法时，应根据项目的具体需求和目标进行选择。

4）优化设计的思路

根据评估结果识别出环境影响较大的部分，并提出改进措施。在优化设计时，要综合考虑技术可行性、经济成本和环境影响等因素。

5. 挑战与展望

虽然CAD在建筑生命周期评估中发挥着重要作用，但实际应用中仍面临一些挑战，如数据标准化问题、模型复杂性导致的计算负担等。未来，随着技术的进步和标准化程度的提高，CAD与建筑生命周期评估的整合将更加紧密和高效。此外，随着大数据和人工智能技术的发展，CAD和生命周期评估软件将能够处理更加复杂的数据集，并提供更加准确和精细的评估结果。这将有助于推动建筑行业向更加环保和可持续的方向发展。

# 参 考 文 献

［1］ 中华人民共和国住房和城乡建设部. 房屋建筑制图统一标准：GB/T 50001—2017 ［S］. 北京：中国建筑工业出版社，2018.

［2］ 中华人民共和国住房和城乡建设部. 总图制图标准：GB/T 50103—2010 ［S］. 北京：中国建筑工业出版社，2010.

［3］ 中华人民共和国住房和城乡建设部. 建筑制图标准：GB/T 50104—2010 ［S］. 北京：中国建筑工业出版社，2010.

［4］ 任鲁宁. 建筑制图与 CAD ［M］. 北京：中国建筑工业出版社，2019.

［5］ 赵嵩颖. 建筑 CAD ［M］. 上海：上海交通大学出版社，2014.